# 位相と論理 ———— 田中俊一

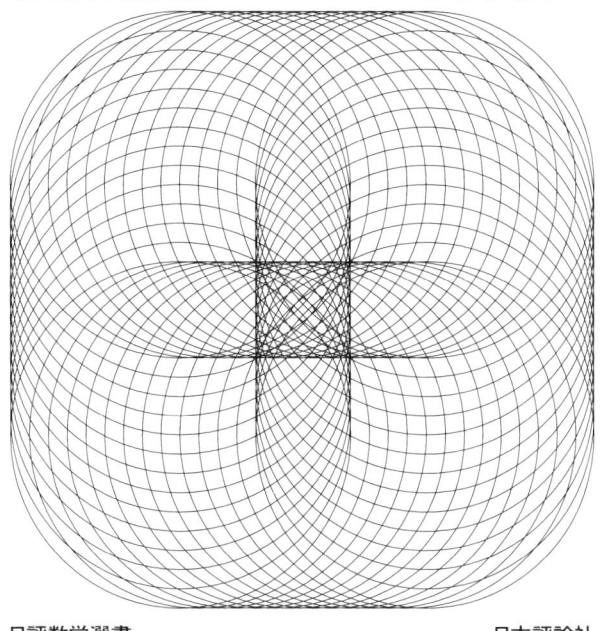

日評数学選書 ————————— 日本評論社

## まえがき

　位相 (空間) は実数や空間の点や部分集合の相互関係を対象とする分野で，集合や代数系の概念とともに数学の基盤となっている．一方論理はギリシャ時代からの長い歴史をもつ学問であり，20 世紀には数理論理学として目覚ましい発展を遂げた．この本はこの 2 つの一見異なる分野が実は密接につながっていることを予備知識を仮定せずに述べることを目的にしている．

　この本では論理はブール代数を意味している．ブール代数は G.Boole により 1850 年頃に論理の代数化を目指して創始された．ある集合の部分集合全体はブール代数になる．ブール代数と位相との関係は M.H.Stone により 1930 年代に確立された．彼は任意のブール代数にそのスペクトルと名付けたコンパクト位相空間を対応させ，もとのブール代数はそのスペクトルの開閉集合全体として実現されることを示した．Stone の表現定理あるいは双対性と言われている．

　その具体例として命題論理とカントル集合の双対性がある．命題論理式の全体にブール代数の構造を入れることが出来て，そのスペクトルはカントル集合になる．このことにより命題論理を位相の立場で理解することが出来る．たとえば命題論理の基本定理であるコンパクト性定理はカントル集合がコンパクトであることに他ならない．これらのことは Stone の定理とは独立に論じることが出来るので，2 章まででブール代数と命題論理のミニ・コースになっている．あるいは 1 章に引き続いて 4 章の Stone の定理に進むこともできる．

　本書の前半は代数系，位相などの初歩を学んだ，あるいは学びつつある数学，情報系の学部学生を想定して書いた．論理の知識は仮定していない．むしろ数理論理学を特別視せずに「普通の」数学として扱うことに努めている．

　5, 6 章は数学と情報科学の関係に興味をもつ学部上級から大学院初年級の学生を対象とし Stone の双対性から発展した事柄をまとめている．これらはカテゴリーの例として展開することも出来るが通常とは逆にカテゴリーは最後の 6 章で導入しそれまで集積した諸結果に説明を与えた．

　この本は筆者が九州大学で数年来学部 4 年生，修士 1 年生を対象に行った講義から発展したものである．本書の完成までの過程で辻下徹氏からは多くの有益な

コメントと暖かい激励をいただいたことを深く感謝したい．またこのような書物の必要性を認めて出版を実現して下さった日本評論社の亀井哲治郎氏に感謝する．

田中俊一

# 目次

まえがき ... i

**1 順序と束** ... 1
　1.1 順序と束 ... 1
　　1.1.1 集合 ... 1
　　1.1.2 関係 ... 2
　　1.1.3 順序集合 ... 3
　　1.1.4 半束 ... 4
　　1.1.5 束 ... 6
　　1.1.6 分配束 ... 7
　1.2 ブール代数 ... 7
　　1.2.1 補元 ... 8
　　1.2.2 アトム ... 9
　　1.2.3 ブール環 ... 11
　1.3 イデアルとフィルター ... 14
　　1.3.1 順序集合のイデアルとフィルター ... 14
　　1.3.2 ブール代数のイデアル ... 15
　　1.3.3 素イデアル ... 15
　　1.3.4 Zorn の補題とその応用 ... 17
　1.4 順序集合におけるアジョイント ... 19
　　1.4.1 アジョイント ... 20
　　1.4.2 Heyting 代数 ... 21
　1.5 文献ノート ... 26

**2 命題論理とブール代数** ... 27
　2.1 論理式 ... 27
　2.2 形式体系における証明 ... 29
　2.3 演繹定理 ... 30

|  |  |  |
|---|---|---|
| 2.4 | Lindenbaum 代数 | 32 |
| 2.5 | 完全性定理とその帰結 | 40 |
| 2.6 | Lindenbaum 代数の構造とコンパクト性定理 | 41 |
| 2.7 | 文献ノート | 43 |

### 3 構造とモデル　44
- 3.1 言語と構造　44
- 3.2 超積とコンパクト性定理　47
- 3.3 基本写像　50
- 3.4 文献ノート　53

### 4 ブール代数の表現定理　55
- 4.1 位相のまとめ　55
- 4.2 Stone 空間　59
- 4.3 ブール代数の表現定理　61
- 4.4 写像の対応　64
- 4.5 文献ノート　65

### 5 フレーム　66
- 5.1 フレーム　66
  - 5.1.1 フレームの定義　66
  - 5.1.2 ポイント　67
  - 5.1.3 位相空間としての $\mathrm{pt}(A)$　69
  - 5.1.4 Sober 空間　71
- 5.2 Scott 位相　73
  - 5.2.1 Scott 位相の定義と一般的性質　73
  - 5.2.2 ビット列の空間　75
- 5.3 イデアルの空間　76
  - 5.3.1 イデアルの空間の一般的性質　76
  - 5.3.2 コンパクト元　79
  - 5.3.3 コヒーレント・フレーム　81
  - 5.3.4 分配束のスペクトル　82
- 5.4 文献ノート　85

## 6 カテゴリー　87
### 6.1 カテゴリーの基礎概念 .............................. 87
### 6.2 ファンクター .................................... 90
### 6.3 自然変換 ....................................... 93
### 6.4 アジョイント ................................... 94
#### 6.4.1 ユニバーサル・アロー ......................... 94
#### 6.4.2 アジョイント・ファンクター ................... 96
### 6.5 双対性 ........................................ 101
#### 6.5.1 ブール代数の双対性 .......................... 101
#### 6.5.2 フレームの双対性 ............................ 103
### 6.6 文献ノート .................................... 106

索引　107

# 第 1 章

# 順序と束

　ブール代数は論理の代数化である．この章ではブール代数を中心にしてそれを含む一般的構造である順序，束，分配束の基礎概念について述べる．ブール代数は特殊な可換環であり，可換環における基本的概念であるイデアル，素イデアルなどはブール代数やより一般の束に対しても定義することができる．

## 1.1　順序と束

### 1.1.1　集合

　元あるいは要素の集まりを集合といい，$x$ が集合 $X$ の元であることを $x \in X$ と表す．

　$y \in Y$ なら $y \in X$ となるとき，$Y$ は $X$ の部分集合であるといい，$Y \subseteq X$ と表す．

　$X$ を集合とするとき，その部分集合の全体を $PX$ であらわす．$\emptyset \in PX$ かつ $X \in PX$ である．

　集合の族 $\mathscr{X} = \{X_i | i \in I\}$ に対して，$X_i$ のいずれかに属する元の全体を

$$\bigcup_{i \in I} X_i \quad \text{または} \quad \cup \mathscr{X}$$

と表し，$\{X_i | i \in I\}$ の和集合という．左側の記法が普通であるが，$\mathscr{X} \subseteq PX$ のように与えられているとき，$\bigcup_{Y \in \mathscr{X}} Y$ と記すのは不自然なこともあるのでその場合は右の記法を使うこともある．

　$X_i$ のすべてに属する元の全体を

$$\bigcap_{i \in I} X_i \quad \text{または} \quad \cap \mathscr{X}$$

と表し，$\{X_i \mid i \in I\}$ の共通部分という．

$X, Y$ を集合とするとき，$\{x \in X \mid x \notin Y\}$ を $X - Y$ と表し，差集合という．

$n$ 個の集合 $X_1, \cdots, X_n$ から要素 $x_i \in X_i$ をとりだして並べたものを $(x_1, \cdots, x_n)$ と書き，その全体を $X_1 \times \cdots \times X_n$ と表す．$X \times \cdots \times X$ を $X^n$ と書く．

### 1.1.2 関係

$X$ を集合とするとき，直積 $X \times X$ の部分集合 $R$ を (2 項) 関係 (relation) という．$(x, y) \in R$ を $xRy$ と表す．

関係に対する条件としては

- 反射律

$$xRx$$

- 推移律

$$xRy, yRz \Longrightarrow xRz$$

- 対称律

$$xRy \Longrightarrow yRx$$

- 反対称律

$$xRy, yRx \Longrightarrow x = y$$

などがある．

特に重要な関係は同値関係と順序関係である．

**定義 1.1** 集合 $X$ の関係 $\sim$ が反射律，推移律，対称律をみたすとき同値関係という．

$x$ について $x \sim y$ なる $y$ 全体を $x$ の同値類といい，$[x]$ と表す．$x \in [x]$ かつ，$[x] = [y]$ または $[x] \cap [y] = \varnothing$ である．同値類を要素とする集合を $X/\sim$ と表す．

**定義 1.2** 集合 $P$ 上の関係 $\leq$ が反射律，推移律，反対称律をみたすならば，関係 $\leq$ を順序という．

組 $(P, \leq)$ を順序集合という．順序集合 (partial ordered set) を略して poset

ということもある.

集合 $P$ 上の順序 $\leq$ がすべての $x, y \in P$ について $x \leq y$ または $y \leq x$ をみたすとき, 全順序であるという.

**定義 1.3** $X$ を集合とし, その関係 $R$ が反射律, 推移律をみたすとき, $R$ を前順序 (preorder) という.

$R$ が前順序集合のとき, $x \sim y$ を $xRy$ かつ $yRx$ のことと定めると $\sim$ は同値関係になる. $[x]R'[y]$ を代表元 $x, y$ に対する $xRy$ のことと定めると, 代表元のとりかたによらず well-defined であり, $X/\sim$ 上の順序になる. これを前順序から導かれる順序という.

### 1.1.3 順序集合

$\leq$ が $P$ の順序であることを明示するときは $\leq_P$ と表す. 対 $(P, \leq)$ を単に $P$ と表すこともある.

**例 1.4** 集合 $X$ に対して, $PX$ でその部分集合の全体を表す. $(PX, \subseteq)$ は順序集合である.

$(P, \leq)$ が順序集合で $Q \subseteq P$ ならば $(Q, \leq)$ は順序集合になる.

$f : P \longrightarrow P'$ が順序集合 $(P, \leq)$ から順序集合 $(P', \leq')$ への写像で, すべての $a, b \in P$ について $a \leq b \Longrightarrow f(a) \leq' f(b)$ をみたすとき, $f$ は順序をたもつという.

**lower set** $S \subseteq P$ において $s \in S, t \leq s \Longrightarrow t \in S$ が成立するとき $S$ を lower set であるという.

$$\downarrow(a) = \{s \in P \mid s \leq a\}$$

は lower set である. $P$ の部分集合 $Q$ に対して

$$\downarrow Q = \{s \in P \mid (\exists a \in Q) s \leq a\} = \bigcup_{a \in Q} \downarrow(a)$$

とおく. これも lower set である.

**upper set** $S \subseteq P$ において $s \in S, s \leq t \Longrightarrow t \in S$ が成立するとき, $S$ を upper set であるという. $\uparrow(a), \uparrow Q$ の定義はあきらかであろう.

**定義 1.5** $(A, \leq)$ は順序集合，$S$ は部分集合とする．$a \in A$ がすべての $s \in S$ について $s \leq a$ をみたすとき，$a$ は $S$ の上界であるという．さらに $b$ が $S$ の上界ならば $a \leq b$ をみたすとき，すなわち $a$ が最小上界であるとき，$a$ は $S$ の join であるといい，$\vee S$ と書く．

join の条件は次のように言い換えることができる．$\forall s \in S, s \leq b \iff a \leq b$ なる $a$ が存在すれば，$a$ は join である．

$\vee \emptyset$ は $A$ の最小元である．最小元が存在するときはそれを $0$ と表す．

### 1.1.4 半束

**定義 1.6** 順序集合 $A$ のすべての有限部分集合が join をもつとき半束 (semi-lattice) という．

半束は空集合の join として最小元 $0$ をもつ．すべての $2$ 元 $a, b$ の join $\vee \{a, b\}$ を $a \vee b$ と表す．

定義より
$$a \vee b = b \vee a$$
であるが，$a \vee (b \vee c) = \vee \{a, b, c\}$ だから半束においては結合律
$$a \vee (b \vee c) = (a \vee b) \vee c$$
が成立する．半束を $2$ 項演算子 $\vee$ で次のように代数的に特徴づけることができる．

**命題 1.7** $A$ は集合で，$e$ はその元，$*$ は $2$ 項演算子で次の条件をみたすとする：
$$a * a = a, \quad a * b = b * a, \quad a * (b * c) = (a * b) * c, \quad a * e = a.$$
そのとき，$A$ 上の順序 $\leq$ が一意的に定まり，$A$ は半束で $* = \vee, e = 0$ である．

**証明** $a \leq b \iff a * b = b$ と定めればよい． □

**問 1.1** $\leq$ が順序になることを確認せよ．

したがって半束は $(A, \vee, 0)$ と表すこともできる．$(PX, \cup, \emptyset)$ は半束である．

$(A, \vee, 0)$, $(A', \vee', 0')$ は半束とし，$f : A \longrightarrow A'$ は写像とする．任意の有限集合 $S$ について，$f(\vee S) = \vee' f(S)$ が成立するとき，$f$ は join をたもつという．$f(0) = 0'$ かつすべての $a, b \in P$ について $f(a \vee b) = f(a) \vee' f(b)$ が成立することと同値である．そのとき $a \leq b$ ならば，

$$f(b) = f(a \vee b) = f(a) \vee' f(b).$$

$f(a) \leq' f(b)$ なので，$f$ は順序をたもつ．

$f(a)$ は標準的な記号であるが，今後写像の合成を主にあつかうことになるので単に $fa$ とカッコを略することが多い．

**部分半束** $(A, \vee, 0)$ は半束，$B$ は $A$ の部分集合とする．$B$ の有限集合の $A$ における join が $B$ に属するとき，$(B, \vee, 0)$ は半束になる．これを $A$ の部分半束という．

**meet** 順序集合 $(P, \leq)$ の部分集合 $S$ について，その最大下界を meet といい，$\wedge S$ と表す．すべての有限部分集合の meet が存在するとき，meet 半束という．これに対してすでに定義した半束は join 半束という．meet 半束は空集合の meet として最大元 1 をもつ．

**opposite** 順序集合 $(P, \leq)$ において $x \leq' y \iff y \leq x$ と定義すると $(P, \leq')$ も順序集合になる．$P$ に opposite な順序集合といい，$P^{\mathrm{op}}$ と表す．

$P$ における meet は $P^{\mathrm{op}}$ における join である．したがって，$P$ が meet 半束であることと，$P^{\mathrm{op}}$ が join 半束であることは同値である．

**定義 1.8** $f : A \longrightarrow B$ が join 半束の間の join を保つ写像とするとき $f^{-1}(0)$ をその核という．meet 半束の間の meet を保つ写像のとき $f^{-1}(1)$ を双対核という．

**定義 1.9** join 半束がすべての join をもつとき (meet 半束がすべての meet をもつとき) 完備 (complete) であるという．

**命題 1.10** 順序集合が完備な join 半束であることと完備な meet 半束であることは同値である．

**証明** $A$ を完備な join 半束であるとし，$S \subseteq A$ とする．$T$ を $S$ の下界の集

合とし，$a = \vee T$ とおく．$s \in S$ は $T$ の上界なので，$s \geq a$．したがって，$a$ は $S$ の下界になる．$a$ は $T$ の最大元で $a = \wedge S$ である． □

**例 1.11** $X$ は位相空間，$OX$ でその開集合全体をあらわす．$OX$ は join 半束として完備である．開集合の族 $\mathscr{S}$ の meet は $\cap \mathscr{S}$ に含まれる最大の開集合である．

### 1.1.5 束

**定義 1.12** 順序集合においてすべての有限 join，有限 meet が存在するとき束 (lattice) であるという．

とくに束には空集合の join, meet として最小元 0, 最大元 1 が存在する．
2 元束 $\{0,1\}$ を 2 と書く．

**部分束** $A$ が束，$B$ はその部分集合であるとする．$B$ が部分 join 半束かつ部分 meet 半束であるとき $B$ は束になるが，それを部分束という．

束は join 半束, meet 半束を定めそれぞれは代数的に特徴づけることができた．それでは集合が join 半束と meet 半束の構造を同時にもつとき，それらは束を定めているだろうか．

**命題 1.13** $(A, \vee, 0), (A, \wedge, 1)$ を半束とする．$(A, \vee, \wedge, 0, 1)$ が束であることは吸収律

$$a \wedge (a \vee b) = a, \quad a \vee (a \wedge b) = a$$

が成立することと同値である．

**証明** join 半束として $a \leq b$ である，すなわち $a \vee b = b$ であるとする．$a \wedge b = a \wedge (a \vee b) = a$ となるので，meet 半束としても $a \leq b$ である．すなわち，いずれの構造から定めた順序も一致する． □

**定義 1.14** 束から束への写像が有限 join と有限 meet をたもつとき，束準同型という．

束準同型は 0, 1 をたもつ．束準同型は順序もたもつ．

束 $A$ から束 $B$ への準同型 $f$ が全単射であるとき，$f$ は束の同型であるという．このとき束 $A$ と $B$ は同型であるという．

### 1.1.6 分配束

束においては
$$a \wedge (b \vee c) \geq (a \wedge b) \vee (a \wedge c)$$
が成立する．

**定義 1.15** 束において

- 分配律
$$a \wedge (b \vee c) = (a \wedge b) \vee (a \wedge c)$$

が成立するとき，分配束 (distributive lattice) という．

$PX$ はあきらかに分配束である．

**命題 1.16** 分配束においては

- 双対分配律
$$a \vee (b \wedge c) = (a \vee b) \wedge (a \vee c)$$

が成立する．

**証明**

$$\begin{aligned}
(a \vee b) \wedge (a \vee c) &= ((a \vee b) \wedge a) \vee ((a \vee b) \wedge c) \\
&= a \vee ((a \wedge c) \vee (b \wedge c)) \quad \text{(吸収律と分配律)} \\
&= (a \vee (a \wedge c)) \vee (b \wedge c) \\
&= a \vee (b \wedge c) \quad \text{(吸収律)}
\end{aligned}$$

□

分配束の部分束は分配束になる．

## 1.2 ブール代数

ブール代数は G.Boole によって思考過程の記号化として導入された．$PX$ が典型的なブール代数をなす．

### 1.2.1 補元

**定義 1.17** 束において
$$a \wedge x = 0, \quad a \vee x = 1$$
なる $x$ を $a$ の補元という．

**補題 1.18** 分配束では補元は存在すれば一意的である．

**証明** $x, y$ が $a$ の補元であるとすると
$$x = x \wedge (a \vee y) = x \wedge y$$
だから $x = y$． □

$a$ の補元を $\neg a$ と表す．補元については

**De Morgan の法則**
$$\neg(a \wedge b) = \neg a \vee \neg b,$$
$$\neg(a \vee b) = \neg a \wedge \neg b$$
が成立する．

**定義 1.19** すべての元が補元をもつ分配束をブール代数 (Boolean algebra) という．

**例 1.20** 集合 $X$ の部分集合全体 $PX$ は $\neg A = X - A$ を補元としてブール代数である．

**例 1.21** 位相空間 $X$ の開かつ閉である集合全体 $\mathrm{clop}(X)$ はブール代数である．$X$ が連結ならば，$\mathrm{clop}(X) = \{\emptyset, X\}$ であり，2 と同型である．

**問 1.2** ブール代数においては
$$a \wedge \neg b = 0 \iff a \leq b,$$
$$a \vee \neg b = 1 \iff b \leq a$$
が成立することを示せ．

**問 1.3** ブール代数においては
$$a \neq b \iff (a \wedge \neg b) \vee (b \wedge \neg a) \neq 0$$
が成立することを示せ．

**補題 1.22** ブール代数からブール代数への束準同型は $\neg$ をたもつ．

**証明** $f$ が束準同型であるとする．$a \wedge \neg a = 0$, $a \vee \neg a = 1$ より，$f(a) \wedge f(\neg a) = 0$, $f(a) \vee f(\neg a) = 1$．補元の一意性より，$f(\neg a) = \neg f(a)$ である． □

**補題 1.23** ブール代数からブール代数への写像 $f$ が join と $\neg$，または meet と $\neg$ をたもてば，束準同型である．

**証明** たとえば join と $\neg$ をたもつとすると
$$f(a \wedge b) = f(\neg\neg(a \wedge b)) = f(\neg(\neg a \vee \neg b))$$
$$= \neg f(\neg a \vee \neg b) = \neg(f(\neg a) \vee f(\neg b))$$
$$= \neg f(\neg a) \wedge \neg f(\neg b) = f(a) \wedge f(b),$$
$$f(1) = f(\neg 0) = \neg f(0) = \neg 0 = 1$$
だから有限 meet をたもつ． □

これらの補題の結果，ブール代数間の束準同型をブール準同型ということもある．

### 1.2.2 アトム

**定義 1.24** ブール代数 $B$ の元 $a \neq 0$ が $0 \leq b \leq a \Longrightarrow b = 0$ または $b = a$ という性質をもつならば，$a$ はアトム (atom) であるという．

**命題 1.25** $a \neq 0$ がアトムであることは，すべての $b, c \in B$ について
$$a \leq b \vee c \Longrightarrow a \leq b \text{ または } a \leq c$$
が成立することと同値である．

**証明** この条件が成り立つとする．$0 \leq b \leq a$ とすると

$$a = (a \wedge b) \vee (a \wedge \neg b)$$

であるから，仮定より

$$a \leq a \wedge b \text{ または } a \leq a \wedge \neg b$$

である．したがって $b=0$ または $b=a$ で $a$ はアトムである．逆は次のより一般の補題に含まれる． □

**補題 1.26** ブール代数 $B$ において，$a$ がアトムならば，任意の部分集合 $S$ について

$$a \leq \vee S \Longrightarrow \exists s \in S \; a \leq s$$

である．

**証明** $\forall s \in S \; (a \not\leq s)$ と仮定すると

$$a \not\leq s \Longrightarrow a \wedge \neg s \neq 0 \Longrightarrow a \wedge \neg s = a$$
$$\Longrightarrow a \leq \neg s \Longrightarrow \neg a \geq s$$

だから

$$\neg a \geq \vee S.$$

$a \leq \vee S \leq \neg a$ だから $a=0$ となり矛盾である． □

**例 1.27** $PX$ において 1 点集合 $\{x\}$ はアトムである．

ブール代数 $B$ の任意の元 $b \neq 0$ について，アトム $a \leq b$ が存在するとき，$B$ は *atomic* であるという．$PX$ は atomic である．

ブール代数としての $PX$ の特徴づけを次のように与えることができる．

**定理 1.28** ブール代数 $B$ が完備かつ atomic ならば，ある $PX$ に同型である．

**証明** $X$ を $B$ のアトムの全体とする．$\phi : B \longrightarrow PX$ を $\phi(b) = \{x \in X \mid x \leq b\}$ で定義される写像とする．$\phi(b \wedge c) = \phi(b) \cap \phi(c)$ はあきらか．$\phi(b \vee c) = \phi(b) \cup \phi(c)$ は $x$ がアトムならば，$x \leq b \vee c \Longleftrightarrow x \leq b$ または $x \leq c$ よりあきらか．$\phi$ は準同型である．$b \neq c$ ならば，$(b \wedge \neg c) \vee (c \wedge \neg b) \neq 0$ を越えないアトム

$x$ があり，例えば $x \leq (b \wedge \neg c)$ ならば，$x \leq b$ かつ $x \leq \neg c$，すなわち，$x \in \phi(b)$ かつ $x \notin \phi(c)$ となり $\phi$ は単射である．$Y \subseteq X$ とすると $\phi(\vee Y) = Y$ だから $\phi$ は全射である．したがって $\phi$ は全単射な準同型であるので同型である． □

### 1.2.3　ブール環

$(A, +, 0)$ は $0$ を単位元とする加法群，すなわち

$$a + b = b + a,$$
$$(a + b) + c = a + (b + c),$$
$$a + 0 = a$$

が成り立ち，$a + x = 0$ となる唯一つの元 $x$ が存在する (それを $-a$ と表す) という条件をみたすものとする．

$(R, +, \cdot, 0, 1)$ が $+$ に関して $0$ を単位元とする加法群で，$a \cdot b$ を $ab$ と記して

- 結合律

$$(ab)c = a(bc)$$

- 分配律

$$a(b + c) = ab + ac, \quad (b + c)a = ba + ca$$

と

$$a1 = 1a = a$$

が成立するとき，単位元 $1$ をもつ環という．$a \cdot b = b \cdot a$ が成立するとき可換であるという．

ブール代数 $B$ において対称差 $+$ を

$$a + b = (a \wedge \neg b) \vee (b \wedge \neg a)$$

にて定義する．

**命題 1.29**　$(B, +, \wedge, 0, 1)$ は $1$ をもつ可換環である．

**証明**　分配律

$$a \wedge (b + c) = (a \wedge b) + (a \wedge c)$$

が成立すること：

$$(a \wedge b) + (a \wedge c) = (a \wedge b \wedge \neg(a \wedge c)) \vee (a \wedge c \wedge \neg(a \wedge b))$$
$$= (a \wedge b \wedge (\neg a \vee \neg c)) \vee (a \wedge c \wedge (\neg a \vee \neg b))$$
$$= ((a \wedge b \wedge \neg a) \vee (a \wedge b \wedge \neg c)) \vee ((a \wedge c \wedge \neg a) \vee (a \wedge c \wedge \neg b))$$
$$= (0 \vee (a \wedge b \wedge \neg c)) \vee (0 \vee (a \wedge c \wedge \neg b))$$
$$= (a \wedge b \wedge \neg c) \vee (a \wedge c \wedge \neg b)$$
$$= a \wedge ((b \wedge \neg c) \vee (c \wedge \neg b))$$
$$= a \wedge (b + c).$$

$+$ に対する結合律も成立する：

$$\neg(a + b) = (a \wedge b) \vee (\neg a \wedge \neg b)$$

だから，

$$(a + b) + c = (a \wedge b \wedge c) \vee (a \wedge \neg b \wedge \neg c) \vee (\neg a \wedge b \wedge \neg c) \vee (\neg a \wedge \neg b \wedge c)$$

となり，$a + (b + c)$ もおなじ式になる．

$$a + a = (a \wedge \neg a) \vee (a \wedge \neg a) = 0 \vee 0 = 0$$
$$a + 0 = (a \wedge 1) \vee (0 \wedge \neg a) = a \vee 0 = a$$

であるから，$(B, +, 0)$ は加法群であり，したがって $(B, +, \wedge, 0, 1)$ は可換環である． □

**定義 1.30** $1$ をもつ環 $A$ においてすべての元が $a^2 = a$ をみたすとき，ブール環という．

**補題 1.31** ブール環は可換で，$a + a = 0$ が成立する．

証明

$$a + b = (a + b)^2 = a^2 + ab + ba + b^2 = a + b + ab + ba$$

だから

$$ab + ba = 0.$$

$a = b$ とおいて,$a + a = 0$ を得る.したがって
$$ab = ba$$
が成立する.  □

ブール環 $A$ が与えられたとする.あきらかに $a \wedge b = ab$ として meet 半束になる.

**補題 1.32** ブール環において $a + b + a \wedge b$ は $a, b$ の join である.

**証明**
$$a \wedge (a + b + a \wedge b) = a + a \wedge b + a \wedge b = a,$$
$$b \wedge (a + b + a \wedge b) = b \wedge a + b + a \wedge b = b$$
だから $a + b + a \wedge b$ は $a, b$ の上界である.$c$ が $a, b$ の上界ならば,
$$(a + b + a \wedge b) \wedge c = a \wedge c + b \wedge c + a \wedge b \wedge c = a + b + a \wedge b$$
だから,$a + b + a \wedge b \leq c$ である.$a + b + a \wedge b$ は $a, b$ の最小上界である.  □

$0, 1$ を環におけるものとすると,$a \vee b = a + b + a \wedge b$ とおいて,束 $(A, \vee, \wedge, 0, 1)$ を得る.

**命題 1.33** 束 $(A, \vee, \wedge, 0, 1)$ はブール代数である.

**証明**
$$(a \wedge b) \vee (a \wedge c) = (a \wedge b) + (a \wedge c) + (a \wedge b) \wedge (a \wedge c)$$
$$= (a \wedge b) + (a \wedge c) + (a \wedge b \wedge c)$$
$$= a \wedge (b + c + b \wedge c)$$
$$= a \wedge (b \vee c)$$
で分配律が成立する.

$1 + a = \neg a$ はあきらかなので,ブール代数である.  □

**問 1.4** このブール代数の対称差は $+$ となることを確かめよ.

**命題 1.34** ブール代数の準同型 $A \longrightarrow B$ はブール環の間の写像として (可換環の) 準同型であり，逆も成立する．

**命題 1.35** ブール代数の準同型 $f : A \longrightarrow B$ は核が自明 ($f^{-1}(0) = \{0\}$) ならば単射である．

あきらかに双対核が自明 ($f^{-1}(1) = \{1\}$) ならば単射である．

## 1.3 イデアルとフィルター

ブール代数は可換環であるので，もとよりイデアル，素イデアルの概念があるが，それらは束へ自然に拡張される．

### 1.3.1 順序集合のイデアルとフィルター

$P$ は順序集合とする．

**定義 1.36** 順序集合 $P$ の空でない部分集合 $S$ は，すべての 2 元が $S$ に属する上界をもつとき有向 (*directed*) であるという．

$\{s,t\}$ が有向であることは，$s \leq t$ または $t \leq s$ と同値である．

**定義 1.37** 順序集合の有向 lower set をイデアルという．

イデアルは 0 を含む．イデアルは 1 をふくめば，$P$ と一致する．$P$ と等しくないイデアルを proper イデアルという．$I$ が proper イデアルで $I$ を含む proper イデアルは $I$ に等しいとき極大イデアルであるという．

**例 1.38** $\downarrow(a)$ はイデアルである．これを $a$ の生成する主イデアルという．$S$ が有向集合ならば，$\downarrow(S)$ はイデアルである．イデアル $I$ は

$$I = \cup\{\downarrow(a) \,|\, a \in I\}$$

と部分主イデアルの和集合として表される．

**定義 1.39** $F$ が順序集合 $P$ のフィルターであるとは $P^{\mathrm{op}}$ でのイデアルであることとする．

$\uparrow(a)$ はフィルターである.

**join 半束のイデアル**　join 半束においては，イデアル $I$ は $0 \in I, a, b \in I \implies a \vee b \in I$ をみたす lower set と一致する.

**例 1.40**　$f : A \longrightarrow B$ は join 半束間の join をたもつ写像とする．その核 $f^{-1}(0)$ はイデアルである．

meet 半束においてフィルターは $1 \in F$ かつ $a, b \in F \implies a \wedge b \in F$ が成立する upper set と一致する．$f : A \longrightarrow B$ は meet 半束間の meet をたもつ写像とする．その双対核はフィルターである．

### 1.3.2　ブール代数のイデアル

束準同型 $f : B \longrightarrow A$ の核 $f^{-1}(0)$ はイデアルである．$A, B$ がブール代数のときには可換環のイデアルの性質がそのまま移行する．

**命題 1.41**　$B$ はブール代数とする．$I \subseteq B$ がブール代数のイデアルであることと，ブール環としてのイデアルであることは同値である．

$I$ をブール環 $B$ のイデアルとする．商環 $B/I$ はブール環である．ブール環の準同型 $B \longrightarrow B/I$ はブール代数の準同型に対応する．

**命題 1.42**　$B$ はブール代数，$I$ はそのイデアルとする．ブール代数 $A$ と束準同型 $f : B \longrightarrow A$ で $I$ を核とするものが存在する．

**証明**　ブール環の準同型 $B \longrightarrow B/I$ に対応する束準同型を $B \longrightarrow A$ とする．その核は $I$ である．　□

### 1.3.3　素イデアル

束のイデアル $I$ は $0 \in I$ かつ $a, b \in I \implies a \vee b \in I$ である lower set であった．

**定義 1.43**　束のイデアル $I$ が $1 \notin I, a \wedge b \in I \implies a \in I$ または $b \in I$ をみたすとき素イデアルであるという．

イデアル $I$ が素であることと，補集合がフィルターであることは同値である．

フィルターの補集合がイデアルになるとき，素フィルターであるという．フィルター $F$ が素であるとは，$0 \notin F$ かつ $a \vee b \in F \implies a \in F$ または $b \in F$ と同値である．

**命題 1.44** ブール代数において，$a$ がアトムであることと，$\uparrow(a)$ が素フィルターであることは同値である．

**証明** 命題 1.25 による． □

**定義 1.45** $a \neq 1$ が $b \wedge c \leq a \implies b \leq a$ または $c \leq a$ をみたすとき，prime element という．

$\downarrow(a)$ が素イデアルであることと，$a$ が prime element であることは同値である．

**命題 1.46** ブール代数において，$\neg a$ がアトムであることと $a$ が prime element であることは同値である．

**証明** $\neg a$ がアトムである：
$$\neg a \leq b \vee c \implies \neg a \leq b \text{ または } \neg a \leq c$$
は
$$\neg b \wedge \neg c \leq a \implies \neg b \leq a \text{ または } \neg c \leq a$$
と同値なのであきらかである． □

$A$ が束のとき，束準同型 $f: A \longrightarrow 2$ の核はイデアルである．$f^{-1}(1)$ はフィルターなので，核は素イデアルである．逆に

**命題 1.47** $A$ は束とする．任意の素イデアルは，束準同型 $f: A \longrightarrow 2$ の核である．

**証明** $I$ は素イデアルとし，$a \in I$ のとき，$f(a) = 0$, $a \notin I$ のとき，$f(a) = 1$ と定める．$f(a \wedge b) = 0 \iff a \wedge b \in I \iff (a \in I$ または $b \in I)$ だから，$f(a \wedge b) = f(a) \wedge f(b)$ である．また $f(a \vee b) = 0 \iff a \vee b \in I \iff a, b \in I \iff f(a) = f(b) = 0$ だから，$f(a \vee b) = f(a) \vee f(b)$ である． □

**命題 1.48** 分配束の極大イデアルは素イデアルである．

**証明** $I$ を分配束 $A$ の極大イデアルで，$a \wedge b \in I$ とする．$a \notin I$ とせよ．$I_a = \downarrow\{a \vee c \mid c \in I\}$ は $I$ をふくむイデアルで $a \in I_a$ である．$I$ は極大なので，$I_a = A$．特に $1 \in I_a$ なので，$1 = a \vee d$ なる $d \in I$ がある．$I$ はイデアルだから $(a \wedge b) \vee d \in I$ である．

$$(a \wedge b) \vee d = (a \vee d) \wedge (b \vee d) = b \vee d$$

だから $b \vee d \in I$ である．$I$ は lower set だから $b \in I$ である． □

**命題 1.49** ブール代数 $B$ のイデアル $I$ に関する次の条件は同値である．
(i) $I$ は素イデアルである．
(ii) すべての $a \in B$ について，$a \in I$ または $\neg a \in I$ で同時に成り立つことはない．
(iii) $I$ は極大イデアルである．

**証明** $I$ を素イデアルとする．$a \wedge \neg a = 0 \in I$ だから，$a \in I$ または $\neg a \in I$ である．$1 \notin I$ だから両方が $I$ に含まれることはない．

次に (ii) を仮定する．$0 \in I$ なので，$1 = \neg 0 \notin I$ となり，$I$ は proper である．$J$ は真に $I$ をふくむイデアルで $a \in J - I$ とする．$\neg a \in I \subseteq J$ だから，$1 = a \vee \neg a \in J$，すなわち，$I$ は極大イデアルである．

極大イデアルは素イデアルであることはすでに示した． □

ブール代数の opposite を考えることにより，そのフィルター $F$ が素フィルターである，極大フィルターである，すべての $b \in B$ について $b \in F$ または $\neg b \in F$ である，の 3 条件は同値である．

### 1.3.4 Zorn の補題とその応用

空でない集合の直積集合は空でないという選択公理は数学において通常仮定される．Zorn の補題は選択公理から導かれ，しかもそれと同値な命題である．

**補題 1.50 (Zorn の補題)** 順序集合 $P$ において空でない全順序部分集合は上界をもつとする．そのとき $P$ は極大元をもつ．

**定理 1.51** ブール代数 $B$ の proper イデアル $I$ は極大イデアルに含まれる．

**証明** $I$ をふくむ proper イデアルの全体を $\mathscr{I}$ とおくと，包含関係により順序集合になる．$\mathscr{I}$ の全順序部分集合 $\mathscr{C}$ をとる．$J = \cup \mathscr{C}$ とおくと，$J \neq B$ である．$I \subseteq J$ で $J$ は lower set である．$a, b \in J$ とすると，$a \in K, b \in K'$ となる $\mathscr{C}$ の元がある．$K \subseteq K'$ と仮定できるので，$a, b \in K'$．したがって $a \vee b \in K' \subseteq J$．$J$ は proper イデアルである．Zorn の補題より $\mathscr{I}$ は極大元をもつが，それが求めるイデアルである． □

ブール代数の opposite を考えることにより，この補題は，proper フィルターは極大フィルターに含まれると言い換えられる．

**補題 1.52** ブール代数において，その要素 $a$ がアトムであることと $a$ を含む極大フィルターがただ 1 つ存在することは同値である．

**証明** $a$ がアトムならば，$\uparrow(a)$ は素フィルター，したがって極大フィルターである．$a$ をふくむ proper フィルターはこれしかない．

逆に $a$ を含むただ 1 つの $P$ という極大フィルターが存在するとする．$\uparrow(a) = P$ を示す．$a \not\leq b$ なる $b \in P$ があれば，$a \wedge \neg b \neq 0$ である．したがって $\uparrow(a \wedge \neg b)$ は proper フィルターである．それをふくむ極大フィルターを $Q$ とすると，$\neg b \in Q$，したがって，$b \notin Q$ である．$P \neq Q$ となり $P$ の一意性に矛盾する．ゆえに $\uparrow(a) = P$ である． □

**定義 1.53** ブール代数の部分集合 $S$ が，その任意の空でない有限部分集合 $F$ について，$\wedge F \neq 0$ となるとき，$S$ は有限交叉性をもつという．

**補題 1.54** ブール代数の部分集合がある proper フィルターに含まれる条件は，それが有限交叉性をもつことである．

**証明** $S$ は有限交叉性をもつとする．$S^*$ で $S$ の空でない有限部分集合の meet 全体のなす集合とする．仮定より $0 \notin S^*$ である．
$$F = \uparrow S^* = \bigcup_{s \in S^*} \uparrow(s)$$
は $S$ を含む proper フィルターである． □

したがってブール代数の有限交叉性をみたす部分集合はある極大フィルターに含まれる．

$S$ がブール代数 $B$ の有限交叉性をみたす部分集合ならば，準同型 $f : B \longrightarrow 2$ で $f(s) = 1$ $(s \in S)$ なるものが存在する．特に $b \neq 0$ ならば，準同型 $f : B \longrightarrow 2$ で $f(b) = 1$ となるものが存在する．

**命題 1.55** ブール代数 $B$ の部分集合 $M$ が極大フィルターである条件はそれが有限交叉性をみたし，すべての $b \in B$ について，$b \in M$ または $\neg b \in M$ となることである．

**証明** この条件が必要であることはあきらかである．逆にこの条件がみたされるとする．

まず $M$ は upper set であることを示す．$a \in M$ で $a \leq b$ とする．仮に $b \notin M$ とする．そのとき，$\neg b \in M$ で有限交叉性より，$a \wedge \neg b \neq 0$ すなわち $a \not\leq b$ となり矛盾である．

$a, b \in M$ とする．$a \wedge b \notin M$ なら $\neg(a \wedge b) \in M$ となる．$a \wedge b \wedge \neg(a \wedge b) = 0$ となり有限交叉性に反する．したがって $a \wedge b \in M$ であり，$M$ はフィルターである． □

定理 1.51 には次の一般化がある．証明は類似しているがやや複雑になるので省略する．

**定理 1.56** (素イデアル定理) 分配束 $L$ のイデアル $J$，フィルター $G$ の共通集合が空であるとする．そのとき，素イデアル $I$ で $J \subseteq I, G \subseteq L - I$ なるものがある．

## 1.4 順序集合におけるアジョイント

アジョイント (adjoint) はカテゴリーにおける最も重要な概念である．その一般論は第 6 章で述べるが，ここでは順序集合に対するアジョイントの概念を導入する．

この節は 5, 6 章までは必要ないので，とばして次の章に進むことができる．

### 1.4.1 アジョイント

$A, B$ は順序集合,$f : B \longrightarrow A, g : A \longrightarrow B$ は写像とする.

**定義 1.57** $f, g$ が順序をたもち,すべての $a \in A, b \in B$ について
$$f(b) \leq a \iff b \leq g(a)$$
が成立するとき,$f$ は $g$ の左アジョイント ($g$ は $f$ の右アジョイント) といい,$f \dashv g$ と表す.

以下の議論で写像 $f, g$ はそれらの合成があらわれることが多いので,カッコが多くなりすぎるのを避けるため $f(b)$ を $fb$ と表すことが多い.

この定義で $f, g$ が順序をたもつという条件は不要である.

**命題 1.58** $f : B \longrightarrow A, g : A \longrightarrow B$ は写像とする.すべての $a \in A, b \in B$ について
$$fb \leq a \iff b \leq ga$$
が成立するならば $f, g$ は順序をたもつ.

**証明** $fb$ は $b \leq ga$ が成り立つ最小の $a$ である.$b \leq ga$ かつ $b' \leq b$ ならば,$b' \leq ga$ なので $fb' \leq fb$ である. □

この証明から,$f \dashv g$ ならば,$f$ は $g$ から一意的に定まることがわかる.アジョイントは他を一意に定める.

**問 1.5** $f : B \longrightarrow A, g : A \longrightarrow B$ は順序をたもつ写像とする.$f \dashv g$ は,すべての $a \in A, b \in B$ について
$$b \leq gfb, \quad fga \leq a$$
が成り立つことと同値であることを示せ.

**補題 1.59** $f \dashv g$ なら $f$ は $B$ におけるすべての join をたもつ.すなわち $S \subseteq B$ で $a = \vee S$ ならば,$fa = \vee \{fs \mid s \in S\}$ である.

**証明** $s \in S$ なら $s \leq a, fs \leq fa$ である.

$\forall s\, fs \leq b$ ならば，$s \leq gb$ だから $a = \vee S \leq gb$. ゆえに $fa \leq b$ である． □

この命題は，左アジョイントは任意の join をたもつことを表している．その逆が成立する．

**補題 1.60** (アジョイントの存在)　$A, B$ は順序集合とする．$B$ にはすべての join が存在し，写像 $f : B \longrightarrow A$ がそれらをたもつならば，$f$ は次のように定義される右アジョイント $g : A \longrightarrow B$ を持つ．
$$ga = \vee \{b \,|\, fb \leq a\}.$$

**証明**
$$fb \leq a \iff b \leq ga$$
を示す．$fb \leq a$ なら $b \leq ga$ であることは $g$ の定義よりあきらか．

逆に $b \leq ga$ とする．$f$ は順序をたもつので $fb \leq fga$ である．$f$ は join をたもつので，$fga = \vee\{fb \,|\, fb \leq a\} \leq a$ だから $fb \leq a$ である．　□

**例 1.61**　$X$ を位相空間とする．開集合の全体のなす束 $OX$ において $W \in OX$ を固定して
$$f(V) = W \cap V$$
とおく．$\mathscr{S} \subseteq OX$ なら $\cup \mathscr{S}$ が存在して
$$W \cap \cup \mathscr{S} = \cup \{W \cap V \,|\, V \in \mathscr{S}\},$$
すなわち $f(\vee \mathscr{S}) = \vee \{f(V) \,|\, V \in \mathscr{S}\}$ が成立する．したがって
$$g(U) = \cup \{V \,|\, W \cap V \subseteq U\}$$
により定義される右アジョイントが定まる．

### 1.4.2　Heyting 代数

**定義 1.62**　$H$ は束とする．$c \in H$ について，$fb = c \wedge b$ とおくと，$f$ は $H$ から $H$ への順序をたもつ写像である．それが右アジョイント $g$ をもつとき，$H$ を *Heyting* 代数とよび，$ga = (c \Rightarrow a)$ と書く．すなわち
$$c \wedge b \leq a \iff b \leq (c \Rightarrow a).$$

$OX$ は
$$W \Rightarrow U = \cup\{V \mid W \cap V \subseteq U\}$$
により Heyting 代数である．

ブール代数は次のように Heyting 代数の特別な場合である．

**命題 1.63** ブール代数において $(c \Rightarrow a) = \neg c \vee a$ とおくと Heyting 代数になる．

**証明**
$$c \wedge b \leq a \iff b \leq (\neg c \vee a)$$
を示す．

$b \leq (\neg c \vee a)$ ならば，$c \wedge b \leq c \wedge (\neg c \vee a) \leq c \wedge a \leq a$ である．

逆に $c \wedge b \leq a$ ならば $b = b \wedge 1 = b \wedge (\neg c \vee c) = (b \wedge \neg c) \vee (b \wedge c) \leq \neg c \vee a$ である． □

**補題 1.64** Heyting 代数は分配束である．

**証明**
$$a \wedge (b \vee c) \leq (a \wedge b) \vee (a \wedge c)$$
を示せばよい．
$$a \wedge b \leq (a \wedge b) \vee (a \wedge c),$$
$$a \wedge c \leq (a \wedge b) \vee (a \wedge c)$$
であるから
$$b \leq (a \Rightarrow (a \wedge b) \vee (a \wedge c)),$$
$$c \leq (a \Rightarrow (a \wedge b) \vee (a \wedge c)).$$
したがって
$$b \vee c \leq (a \Rightarrow (a \wedge b) \vee (a \wedge c)),$$
$$a \wedge (b \vee c) \leq (a \wedge b) \vee (a \wedge c).$$

Heyting 代数において
$$\neg a = (a \Rightarrow 0)$$
とおく．

$OX$ においては
$$\neg W = \cup \{V \mid W \cap V = \emptyset\}$$
である．$\neg W$ は $X - W$ に含まれる最大の開集合である．
$$b \leq \neg a \iff b \wedge a = 0$$
であるから $a \wedge \neg a = 0$ である．しかし $a \vee \neg a = 1$ は一般には成立しないので $\neg a$ は補元ではない．

**問 1.6**
$$a \leq \neg\neg a,$$
$$a \leq b \implies \neg b \leq \neg a,$$
$$\neg a = \neg\neg\neg a$$
が成立することを示せ．

**補題 1.65** Heyting 代数においては
$$\neg(a \vee b) = \neg a \wedge \neg b$$
が成立する．

**証明**
$$a \leq (c \Rightarrow b) \iff c \wedge a \leq b \iff c \leq (a \Rightarrow b)$$
である．$b$ を固定して，$a \longmapsto (a \Longrightarrow b)$ を $H$ から $H$ への写像とみなしたものを $h$ と表すと，
$$a \leq h(c) \iff c \leq h(a)$$

である.$h$ を $H \longrightarrow H^{\mathrm{op}}$ の写像とみなしたものを $f$, $H^{\mathrm{op}} \longrightarrow H$ の写像とみなしたものを $g$ と表すと,

$$fc \leq a \Longleftrightarrow c \leq ga.$$

したがって $f \dashv g$ である.左アジョイント $f : H \longrightarrow H^{\mathrm{op}}$ は join を $H^{\mathrm{op}}$ の join, すなわち $H$ の meet にうつすので,

$$(a \vee c) \Rightarrow b = (a \Rightarrow b) \wedge (c \Rightarrow b)$$

である.$b = 0$ とおくと

$$\neg(a \vee c) = \neg a \wedge \neg c$$

が成立する. □

**補題 1.66** Heyting 代数においては

$$\neg\neg(a \wedge b) = \neg\neg a \wedge \neg\neg b$$

が成立する.

**証明** $a \wedge b \leq a$ から $\neg\neg(a \wedge b) \leq \neg\neg a$.同様に $\neg\neg(a \wedge b) \leq \neg\neg b$ も成立するので,

$$\neg\neg(a \wedge b) \leq \neg\neg a \wedge \neg\neg b$$

が成立する.

$$\begin{aligned}
\neg\neg a \wedge \neg\neg b \leq \neg\neg(a \wedge b) &\Longleftrightarrow \neg\neg a \wedge \neg\neg b \wedge \neg(a \wedge b) = 0 \\
&\Longleftrightarrow \neg\neg b \wedge \neg(a \wedge b) \leq \neg\neg\neg a = \neg a \\
&\Longleftrightarrow \neg\neg b \wedge \neg(a \wedge b) \wedge a = 0 \\
&\Longleftrightarrow \neg(a \wedge b) \wedge a \leq \neg\neg\neg b = \neg b \\
&\Longleftrightarrow \neg(a \wedge b) \wedge a \wedge b = 0
\end{aligned}$$

であるが,最後の式はあきらかに成立するので最初の式も成立する. □

$\neg\neg a = a$ をみたす Heyting 代数の元を正則元という.正則元の全体を $B$ とおく.この補題より $B$ は Heyting 代数の部分 meet 半束である.

**定理 1.67** $a, b \in B$ について $a \vee_B b = \neg\neg(a \vee b)$ とおくと，$B$ はブール代数である．

**証明** $\neg\neg(a \vee b)$ が $B$ に属すること，$B$ における $a, b$ の最小上界であることはあきらかである．分配律は $c \in B$ として

$$\begin{aligned}
c \wedge (a \vee_B b) &= c \wedge \neg\neg(a \vee b) \\
&= \neg\neg c \wedge \neg\neg(a \vee b) \\
&= \neg\neg(c \wedge (a \vee b)) \\
&= \neg\neg((c \wedge a) \vee (c \wedge b)) \\
&= (c \wedge a) \vee_B (c \wedge b))
\end{aligned}$$

である．

$a \in B$ ならば，

$$a \vee_B \neg a = \neg\neg(a \vee \neg a) = \neg(\neg a \wedge a) = \neg 0 = 1$$

なので，$\neg a$ は補元である． □

$S$ が $B$ の任意の部分集合ならば，$\neg\neg \vee S$ は $S$ の $B$ における最小上界であることはあきらかである．したがって Heyting 代数が完備ならば，その正則元の全体のなすブール代数も完備である．$OX$ の正則元を正則開集合という．正則開集合の全体は完備なブール代数をなす．

**補題 1.68** Heyting 代数において，$a$ の補元が存在すれば，それは $\neg a$ である．

**証明** $b$ が $a$ の補元であるとする．$a \wedge b = 0$ であるから $b \leq \neg a$ である．$a \vee b = 1$ であるから，

$$\neg a = \neg a \wedge (b \vee a) = \neg a \wedge b$$

となり，$\neg a \leq b$. □

Heyting 代数がブール代数ならば，すべての $a$ について補元は存在し，$\neg a$ になる．$\neg a$ の補元は $a$ なので

$$\neg\neg a = a$$

が成立する．前定理よりその逆が成立している．

## 1.5 文献ノート

本章で述べたブール代数の代数的構造は主に

- P.T.Johnstone, *Stone spaces*, Cambridge University Press, 1982

の第1章によっている．ブール代数のG.Booleによる原形は現在のものとはかなり異なるものであった．その後の発展の経緯についてはそのIntroductionに詳しく述べられている．

束の一般論は

- 小平邦彦，彌永昌吉，現代数学概論 I，岩波書店，1961

に詳しい．

# 第 2 章

# 命題論理とブール代数

本章では命題論理の形式体系に対応するブール代数を構成する．命題論理の基本定理である完全性定理とコンパクト性定理は，そのブール代数の構造の自然な反映として導かれる．

## 2.1 論理式

命題論理は論理式を対象とする形式的体系であるが，論理式は命題変数とよばれるシンボルと論理結合子 $\neg, \rightarrow$ というシンボルから次のように定義されている．

論理式 (formula) は次のように再帰的に定義される：

- 命題変数は論理式である．
- $\phi, \psi$ が論理式ならば，$\neg \phi, \phi \rightarrow \psi$ も論理式である．

$\neg$ は not, $\rightarrow$ は implies と読む．

論理式の全体を $F$ と表す．

論理結合子は $\rightarrow, \neg$ を基本としてあつかい，$\vee$ (or), $\wedge$ (and) はそれらから次のように導かれたものとする：

$$\phi \vee \psi = \neg \phi \rightarrow \psi,$$
$$\phi \wedge \psi = \neg(\phi \rightarrow \neg \psi).$$

ここに用いた $\vee, \wedge$ はブール代数の join, meet とは一応別の記号である．しかし命題論理の体系をブール代数と整合するように構成するのである．

数理論理学においては，形式体系における推論を対象とするシンタクス (syntax, 構文論) と論理式の真偽を集合で実現したものを問題にするセマンティクス

(semantics, 意味論) の 2 つの立場がある．まず後者から始めよう．

任意の論理式に真理値 true, false を与えるために，次のようにする．2 元ブール代数 $2 = \{0, 1\}$ の 1 を true と，0 を false と同一視する．ブール代数において $\Rightarrow$ を

$$a \Rightarrow b = \neg a \vee b$$

により定めると Heyting 代数になる．

$$a \Rightarrow a = 1,$$
$$(\neg a \Rightarrow \neg b) \Rightarrow (b \Rightarrow a) = 1$$

が成り立つ．

**定義 2.1** 各命題変数に $0, 1$ の値を与えそれを次のように論理式からブール代数 2 への関数 $v$ に拡張したものを付値 (valuation) という：

$$v(\phi \to \psi) = v(\phi) \Rightarrow v(\psi),$$
$$v(\neg \phi) = \neg v(\phi).$$

付値については

$$v(\phi \to \phi) = 1,$$
$$v((\neg \phi \to \neg \psi) \to (\psi \to \phi)) = 1$$

が成立する．

$\vee, \wedge$ については

$$v(\phi \vee \psi) = v(\phi) \vee v(\psi),$$
$$v(\phi \wedge \psi) = v(\phi) \wedge v(\psi)$$

が成立する．

**定義 2.2** いかなる付値に対しても値が 1 である論理式をトートロジー (tautology) という．

$\phi \to \phi$, $(\neg \phi \to \neg \psi) \to (\psi \to \phi)$ はトートロジーである．

## 2.2 形式体系における証明

命題論理のシンタクスに進もう．これから述べる形式体系 $L$ において axiom, theorem, proof という概念が出てくる．これらを和訳して公理，定理，証明，を用いると通常の数学の記述との間に混乱が生じ得るので英語のままを用いることとする．

次の形の論理式を axiom という．

(L1) $\phi \to (\psi \to \phi)$.

(L2) $(\phi \to (\psi \to \chi)) \to ((\phi \to \psi) \to (\phi \to \chi))$.

(L3) $(\neg \phi \to \neg \psi) \to (\psi \to \phi)$.

ここで，$\phi, \psi, \chi$ は任意の論理式を表す．

形式体系 $L$ はただ 1 つの推論規則としてモーダス・ポネンス (modus ponens, MP と略す) または三段論法をもつ．MP は $\phi$ と $\phi \to \psi$ の形の論理式の組に論理式 $\psi$ を対応させるものである．

これはヒルベルト流の公理系の 1 つ，Łukasiewicz (ウカシェビッチ) の公理系と呼ばれるものである．

**proof と theorem**  論理式の列 $\phi_1, \cdots, \phi_n$ において，各 $\phi_i$ が axiom であるか，列の前にある 2 つの論理式から MP の適用により得られているとき，その列を proof という．そのとき $\phi_n$ を theorem といい，論理式 $\phi$ が theorem であることを $\vdash_L \phi$ あるいは単に $\vdash \phi$ と表す．

$\phi$ と $\phi \to \psi$ が theorem であれば，$\psi$ も theorem である．

シンタクスとセマンティクスの間には当然密接な関係がある．

**定理 2.3 (健全性定理)**  theorem はトートロジーである．

**証明**  axiom はトートロジーであることと，トートロジーに MP を適用するとトートロジーが得られることをいえばよい．(L3) についてはすでに示した．

(L1) $\chi = \phi \to (\psi \to \phi)$ とおく．$v(\chi) = v(\phi) \Rightarrow (v(\psi) \Rightarrow v(\phi))$ であるが，これは $v(\phi) = 0$ のときは 1 である．$v(\phi) = 1$ のときも $v(\chi) = v(\psi) \Rightarrow v(\phi) = 1$ となる．

(L2) $\phi' = [\phi \to (\psi \to \chi)] \to [(\phi \to \psi) \to (\phi \to \chi)]$ とおくと $v(\phi') = [v(\phi) \Rightarrow (v(\psi) \Rightarrow v(\chi))] \Rightarrow [(v(\phi) \Rightarrow v(\psi)) \Rightarrow (v(\phi) \Rightarrow v(\chi))]$ である. $v(\phi) = 0$ のときは, $v(\phi') = 1 \Rightarrow (1 \Rightarrow 1) = 1$ となる. $v(\phi) = 1$ のときは, $v(\phi') = (v(\psi) \Rightarrow v(\chi)) \Rightarrow (v(\psi) \Rightarrow v(\chi)) = 1$ である.

(MP) $\phi, \phi \to \psi$ はトートロジーであるとする. $v$ を任意の付値とすると, $v(\phi \to \psi) = v(\phi) \Rightarrow v(\psi) = 1 \Rightarrow v(\psi) = v(\psi)$. これも 1 なので, $\psi$ はトートロジーである.

□

## 2.3　演繹定理

まず proof の例をあげよう.

**命題 2.4**

$$\vdash \phi \to \phi.$$

**証明**

$$[\phi \to ((\phi \to \phi) \to \phi)] \to [(\phi \to (\phi \to \phi)) \to (\phi \to \phi)] \quad \text{(L2)}$$

$$\phi \to ((\phi \to \phi) \to \phi) \quad \text{(L1)}$$

$$(\phi \to (\phi \to \phi)) \to (\phi \to \phi) \quad \text{(MP)}$$

$$\phi \to (\phi \to \phi) \quad \text{(L1)}$$

$$\phi \to \phi \quad \text{(MP)}$$

これは proof をたてにならべたものである. 右側にはコメントが書いてある. (L1) などは対応する axiom の例であることを示している. (MP) はモーダス・ポネンスの適用の結果その論理式が得られたことを示している. □

このような単純な theorem に対しても, proof はかなり長く, その構成を見通しよく行うことは困難である. 既知の proof を組み合わせて複雑な proof を構成する方法を用意する. そのため proof の概念を次のように拡張する.

## 2.3. 演繹定理

**演繹** $\Gamma$ は論理式のあつまりとする．論理式の列 $\phi_1, \cdots, \phi_n$ において，各 $\phi_i$ が axiom か，$\Gamma$ の元であるか，それ以前の 2 つの論理式から MP の適用により得られているとき，$\Gamma$ からの deduction (演繹) という．そのとき，$\phi_n$ は $\Gamma$ から演繹されるといい，論理式 $\phi$ が $\Gamma$ から演繹されることを $\Gamma \vdash \phi$ と表す．

$\Gamma = \varnothing$ のときが，proof である．

axiom, theorem, proof と同様に用いるときは deduction も和訳しないことにする．

**定理 2.5 (演繹定理)** $\Gamma \cup \{\phi\} \vdash \psi$ ならば $\Gamma \vdash \phi \to \psi$ である．

**証明** $\psi$ の deduction の長さ $n$ に関する帰納法による．$n = 1$ の場合は $\psi = \phi$ であるか，$\psi$ は axiom であるか $\psi \in \Gamma$ であるかである．$\psi = \phi$ の場合示すべきことは $\vdash \phi \to \phi$ であるが，これはすでに示した．他の場合は deduction

$$\psi$$
$$\psi \to (\phi \to \psi) \tag{L1}$$
$$\phi \to \psi \tag{MP}$$

より，$\Gamma \vdash \phi \to \psi$ である．最初の行の $\psi$ は axiom であるか，$\Gamma$ の要素である．

$n > 1$ の場合．$\psi$ は axiom であるか，$\psi \in \Gamma$ である場合は上と同様である．そうでない場合は，deduction で前にある $\chi$ と $\chi \to \psi$ に MP を適用して，得られている．帰納法の仮定から，$\Gamma \vdash \phi \to \chi$ かつ $\Gamma \vdash \phi \to (\chi \to \psi)$ が成立している．論理式の列

$$\phi \to \chi$$
$$\phi \to (\chi \to \psi)$$
$$(\phi \to (\chi \to \psi)) \to ((\phi \to \chi) \to (\phi \to \psi)) \tag{L2}$$
$$(\phi \to \chi) \to (\phi \to \psi) \tag{MP}$$
$$\phi \to \psi \tag{MP}$$

において，最初の 2 つは $\Gamma$ からの deduction で得られている．したがってそれらをこの列に付け加えると，$\Gamma$ からの deduction で $\phi \to \psi$ が得られる． □

この定理の逆は簡単である．

問 2.1　$\Gamma \vdash \phi \to \psi$ ならば $\Gamma \cup \{\phi\} \vdash \psi$ であることを示せ.

定理 2.6
$$\{(\phi \to \psi), (\psi \to \chi)\} \vdash (\phi \to \chi).$$

証明　$\Gamma = \{(\phi \to \psi), (\psi \to \chi)\}$ とおく. deduction

$$\phi \to \psi$$
$$\psi \to \chi$$
$$\phi$$
$$\psi \qquad \text{(MP)}$$
$$\chi \qquad \text{(MP)}$$

により, $\Gamma \cup \{\phi\} \vdash \chi$ を得る. 演繹定理より, $\Gamma \vdash \phi \to \chi$ が成立する. □

この定理より $\Gamma \vdash (\phi \to \psi)$, $\Gamma \vdash (\psi \to \chi)$ なら $\Gamma \vdash (\phi \to \chi)$ が成立する. これを hypothetical syllogism, 略して HS という. syllogism も三段論法を意味する.

## 2.4　Lindenbaum 代数

論理式の全体 $F$ における関係 $\leq$ を, $\vdash \phi \to \psi$ のとき $\phi \leq \psi$ と定める. $\vdash \phi \to \phi$ だから反射律をみたす. また (HS) より推移律も成立する. $\leq$ は前順序である.

$F$ 上の前順序 $\leq$ から関係 $\equiv$ を, $\vdash \phi \to \psi$ かつ $\vdash \psi \to \phi$ のとき $\phi \equiv \psi$ と定義する. $\phi$ をふくむ同値類を $|\phi|$ と書く. $F/\equiv$ に導かれる順序をおなじ記号で $\leq$ と表す. 以下順序集合 $F/\equiv$ が束, 分配束, ブール代数になることを順々にみていこう.

補題 2.7
$$\vdash (\neg \phi \to \phi) \to \phi.$$

証明　$\{(\neg \phi \to \phi)\} \vdash \phi$ を示せばよい.

$$\neg \phi \to \phi$$

$$\neg\phi \to (\neg\neg(\neg\phi \to \phi) \to \neg\phi)) \tag{L1}$$

$$(\neg\neg(\neg\phi \to \phi) \to \neg\phi) \to (\phi \to \neg(\neg\phi \to \phi)) \tag{L3}$$

$$\neg\phi \to (\phi \to \neg(\neg\phi \to \phi)) \tag{HS}$$

$$(\neg\phi \to (\phi \to \neg(\neg\phi \to \phi))) \to ((\neg\phi \to \phi) \to (\neg\phi \to \neg(\neg\phi \to \phi))) \tag{L2}$$

$$(\neg\phi \to \phi) \to (\neg\phi \to \neg(\neg\phi \to \phi)) \tag{MP}$$

$$\neg\phi \to \neg(\neg\phi \to \phi) \tag{MP}$$

$$(\neg\phi \to \neg(\neg\phi \to \phi)) \to ((\neg\phi \to \phi) \to \phi) \tag{L3}$$

$$(\neg\phi \to \phi) \to \phi \tag{MP}$$

$$\phi \tag{MP}$$

第 4 行は 2, 3 行に (HS) を適用した結果であることを示している．その proof を挿入すればこの場合の deduction が得られる． □

**補題 2.8**

$$\vdash \neg\phi \to (\phi \to \psi),$$
$$\vdash \phi \to (\neg\phi \to \psi).$$

**証明** いずれも $\{\phi, \neg\phi\} \vdash \psi$ と同値であるので，第 1 の式を示せばよい．

$$\neg\phi \to (\neg\psi \to \neg\phi) \tag{L1}$$

$$(\neg\psi \to \neg\phi) \to (\phi \to \psi) \tag{L3}$$

$$\neg\phi \to (\phi \to \psi) \tag{HS}$$

□

第 2 の式より，

$$|\phi| \leq |\phi \vee \psi|$$

である．

$$|\psi| \leq |\phi \vee \psi|$$

は (L1) より成立しているので，$|\phi \vee \psi|$ は $|\phi|$ と $|\psi|$ の上界である．

## 補題 2.9

$$\vdash \neg\neg\phi \to \phi.$$

**証明** $\{\neg\neg\phi\} \vdash \phi$ を示せばよい．

$$
\begin{align*}
&\neg\neg\phi \\
&\neg\neg\phi \to (\neg\neg\neg\neg\phi \to \neg\neg\phi) \tag{L1} \\
&\neg\neg\neg\neg\phi \to \neg\neg\phi \tag{MP} \\
&(\neg\neg\neg\neg\phi \to \neg\neg\phi) \to (\neg\phi \to \neg\neg\neg\phi) \tag{L3} \\
&\neg\phi \to \neg\neg\neg\phi \tag{MP} \\
&(\neg\phi \to \neg\neg\neg\phi) \to (\neg\neg\phi \to \phi) \tag{L3} \\
&\neg\neg\phi \to \phi \tag{MP} \\
&\phi \tag{MP}
\end{align*}
$$

□

## 補題 2.10

$$\vdash \phi \to \neg\neg\phi.$$

**証明**

$$
\begin{align*}
&(\neg\neg\neg\phi \to \neg\phi) \to (\phi \to \neg\neg\phi) \tag{L3} \\
&\neg\neg\neg\phi \to \neg\phi \tag{補題 2.9} \\
&\phi \to \neg\neg\phi \tag{MP}
\end{align*}
$$

第 2 行は補題 2.9 で得られた theorem であることを示している．それらの proof を挿入すればこの場合の proof が得られる． □

## 補題 2.11

$$\vdash (\phi \to \psi) \to (\neg\psi \to \neg\phi.)$$

**証明** $\{(\phi \to \psi)\} \vdash (\neg\psi \to \neg\phi)$ を示せばよい．

$$\phi \to \psi$$

$$\neg\neg\phi \to \phi \qquad \text{(補題 2.9)}$$
$$\neg\neg\phi \to \psi \qquad \text{(HS)}$$
$$\psi \to \neg\neg\psi \qquad \text{(補題 2.10)}$$
$$\neg\neg\phi \to \neg\neg\psi \qquad \text{(HS)}$$
$$(\neg\neg\phi \to \neg\neg\psi) \to (\neg\psi \to \neg\phi) \qquad \text{(L3)}$$
$$\neg\psi \to \neg\phi \qquad \text{(MP)}$$

□

順序集合 $F/\equiv$ における最大元，最小元は次のように特徴づけられる．

**補題 2.12**

$$|\phi| = 1 \iff \vdash \phi,$$
$$|\phi| = 0 \iff \vdash \neg\phi.$$

**証明** $\vdash \phi$ ならば $\vdash \phi \to (\psi \to \phi)$ (L1) とともに (MP) を用いて $\vdash \psi \to \phi$ となる．したがって $|\psi| \leq |\phi|$ で，$\psi$ は任意であったから，$|\phi| = 1$ である．

$\vdash \neg\phi$ ならば $\vdash \neg\phi \to (\phi \to \psi)$ (補題 2.8) とともに (MP) を用いて $\vdash \phi \to \psi$．したがって $|\phi| \leq |\psi|$, $|\phi| = 0$ である．

逆に $|\phi| = 1$ ならば，任意の $\psi$ について $|\psi| \leq |\phi|$ である．したがって $\vdash \psi \to \phi$ である．$\vdash \psi$ なる $\psi$ (たとえば axiom) をとると，MP より $\vdash \phi$ となる．

$|\phi| = 0$ ならば，任意の $\psi$ について，$\vdash \phi \to \psi$ となる．また補題 2.11 より，$\vdash (\phi \to \psi) \to (\neg\psi \to \neg\phi)$ だから (MP) より，$\vdash \neg\psi \to \neg\phi$ である．とくに $\vdash \neg\neg\psi \to \neg\phi$ となる．$\vdash \psi$ なる $\psi$ をとると，$\vdash \neg\neg\psi$ なので (MP) より $\vdash \neg\phi$ である．

□

**補題 2.13**

$$\vdash \phi \land \psi \to \phi.$$

**証明** $\{\phi \land \psi\} \vdash \phi$ を示せばよい．

$$\phi \land \psi = \neg(\phi \to \neg\psi)$$

$$\neg\phi \to (\phi \to \neg\psi) \qquad \text{(補題 2.8)}$$

$$(\neg\phi \to (\phi \to \neg\psi)) \to (\neg(\phi \to \neg\psi) \to \neg\neg\phi) \qquad \text{(補題 2.11)}$$

$$\neg(\phi \to \neg\psi) \to \neg\neg\phi \qquad \text{(MP)}$$

$$\neg\neg\phi \qquad \text{(MP)}$$

$$\neg\neg\phi \to \phi \qquad \text{(補題 2.9)}$$

$$\phi \qquad \text{(MP)}$$

□

**補題 2.14**

$$\vdash \phi \land \psi \to \psi.$$

**証明** $\{\phi \land \psi\} \vdash \psi$ を示せばよい.

$$\phi \land \psi = \neg(\phi \to \neg\psi)$$

$$\neg\psi \to (\phi \to \neg\psi) \qquad \text{(L1)}$$

$$(\neg\psi \to (\phi \to \neg\psi)) \to (\neg(\phi \to \neg\psi) \to \neg\neg\psi) \qquad \text{(補題 2.11)}$$

$$\neg(\phi \to \neg\psi) \to \neg\neg\psi \qquad \text{(MP)}$$

$$\neg\neg\psi \qquad \text{(MP)}$$

$$\neg\neg\psi \to \psi \qquad \text{(補題 2.9)}$$

$$\psi \qquad \text{(MP)}$$

□

この 2 つの結果から,

$$|\phi \land \psi| \leq |\phi| \text{ かつ } |\phi \land \psi| \leq |\psi|.$$

すなわち $|\phi \land \psi|$ は $|\phi|$ と $|\psi|$ の下界であることがわかる.

**補題 2.15**

$$\{(\phi \to \chi), (\psi \to \chi)\} \vdash (\phi \lor \psi) \to \chi.$$

**証明** $\{(\phi \to \chi), (\psi \to \chi), (\phi \vee \psi)\} \vdash \chi$ を示せばよい.

$\phi \to \chi$

$\psi \to \chi$

$\phi \vee \psi = \neg \phi \to \psi$

$(\phi \to \chi) \to (\neg \chi \to \neg \phi)$ (補題 2.11)

$\neg \chi \to \neg \phi$ (MP)

$\neg \chi \to \psi$ (HS)

$\neg \chi \to \chi$ (HS)

$(\neg \chi \to \chi) \to \chi$ (補題 2.7)

$\chi$ (MP)

□

$|\phi| \leq |\chi|$ かつ $|\psi| \leq |\chi|$, すなわち $\phi \to \chi$ and $\psi \to \chi$ が theorem であると仮定する. その proof とこの補題で存在が示された deduction をつなぐことにより, $\phi \vee \psi \to \chi$ は theorem である. したがって $|\phi \vee \psi| \leq |\chi|$ なので $|\phi \vee \psi|$ は $|\phi|$ と $|\psi|$ の join である :

$$|\phi \vee \psi| = |\phi| \vee |\psi|.$$

**補題 2.16**

$$\{\phi, \psi\} \vdash \phi \wedge \psi.$$

**証明** $\{\phi, \phi \to \neg \psi\} \vdash \neg \psi$ だから,

$$\phi \to ((\phi \to \neg \psi) \to \neg \psi)$$

は theorem である.

$\phi \to ((\phi \to \neg \psi) \to \neg \psi)$

$\phi$

$(\phi \to \neg \psi) \to \neg \psi$ (MP)

$((\phi \to \neg \psi) \to \neg \psi) \to (\neg \neg \psi \to \neg (\phi \to \neg \psi))$ (補題 2.11)

$$\neg\neg\psi \to \neg(\phi \to \neg\psi) \quad \text{(MP)}$$
$$\psi$$
$$\psi \to \neg\neg\psi \quad \text{(補題 2.10)}$$
$$\neg\neg\psi \quad \text{(MP)}$$
$$\neg(\phi \to \neg\psi) = \phi \land \psi \quad \text{(MP)}$$

$$\square$$

**補題 2.17**
$$\{(\chi \to \phi), (\chi \to \psi)\} \vdash \chi \to (\phi \land \psi).$$

**証明** $\{(\chi \to \phi), (\chi \to \psi), \chi\} \vdash (\phi \land \psi)$ を示せばよい.

$$\chi \to \phi$$
$$\chi \to \psi$$
$$\chi$$
$$\phi \quad \text{(MP)}$$
$$\psi \quad \text{(MP)}$$
$$\phi \land \psi \quad \text{(補題 2.16)}$$

$$\square$$

したがって $|\phi \land \psi|$ は $|\phi|$ と $|\psi|$ の meet である:
$$|\phi \land \psi| = |\phi| \land |\psi|.$$

$F/\equiv$ は束になることが示された.

**命題 2.18** $F/\equiv$ は分配束である.

**証明**
$$\mu = (\phi \land \psi) \lor (\phi \land \chi)$$
とおく.

である．補題 2.16 を用いて
$$\{\phi, \psi\} \vdash \mu.$$
演繹定理より
$$\vdash \psi \to (\phi \to \mu).$$
同様にして
$$\vdash \chi \to (\phi \to \mu).$$
補題 2.15 より
$$\vdash \psi \lor \chi \to (\phi \to \mu).$$
演繹定理より
$$\{\phi, \psi \lor \chi\} \vdash \mu.$$
補題 2.13，補題 2.14 より
$$\{\phi \land (\psi \lor \chi)\} \vdash \mu.$$
$\square$

**注意** この証明は Heyting 代数が分配束であること (補題 1.64) をなぞったものである．

**命題 2.19** $|\neg \phi|$ は $|\phi|$ の補元である．

**証明** $\vdash \phi \lor \neg \phi, \vdash \neg(\phi \land \neg \phi)$ を示せばよい．$\vdash \phi \lor \neg \phi = \neg \phi \to \neg \phi$ は theorem である．$\vdash \neg(\phi \land \neg \phi) = \neg\neg(\phi \to \neg\neg\phi)$ については

| | |
|---|---|
| $\phi \to \neg\neg\phi$ | (補題 2.10) |
| $(\phi \to \neg\neg\phi) \to \neg\neg(\phi \to \neg\neg\phi)$ | (補題 2.10) |
| $\neg\neg(\phi \to \neg\neg\phi)$ | (MP) |

$\square$

したがって $F/\equiv$ は補元をもつ分配束になりブール代数である．このようにして得られたブール代数 $L$ を Lindenbaum 代数とよぶ．

付値 $v$ はブール代数の準同型 $v: L \longrightarrow 2$ と同一視される．

## 2.5 完全性定理とその帰結

**定理 2.20**（完全性定理）　論理式がトートロジーならば，theorem である．

**証明**　Lindenbaum 代数 $L$ からブール代数 2 へのすべての準同型 $v: L \longrightarrow 2$ について $v(|\phi|) = 1$ ならば，$\phi$ が theorem であることを示す．$\vdash \phi$ でない，すなわち $|\phi| \neq 1$ ならば，$\downarrow(|\phi|)$ は proper イデアルで，それを含む素イデアルが存在する．その素イデアルを核とする準同型 $v: L \longrightarrow 2$ では $v(|\phi|) = 0$ となり仮定に反する．　□

この定理の逆は健全性定理としてすでに示した．これらをあわせて，論理式がトートロジーであることと theorem であることは同値である．この同値性を完全性定理ということもある．

**定義 2.21**　論理式のあつまり $\Gamma$ は $\Gamma \vdash \phi$ かつ $\Gamma \vdash \neg\phi$ となる論理式 $\phi$ が存在しないとき，無矛盾 (consistent) であるという．

$\Gamma = \varnothing$ は無矛盾である．

$\{\phi\}$ が無矛盾のとき，$\phi$ が無矛盾であるという．

**補題 2.22**　$\Gamma$ は論理式のあつまり，$\phi$ は論理式とする．$\Gamma \cup \{\phi\}$ が無矛盾であることは $\Gamma \vdash \neg\phi$ でないことと同値である．

**証明**　$\Gamma \vdash \neg\phi$ ならば，あきらかに $\Gamma \cup \{\phi\} \vdash \neg\phi$ である．$\Gamma \cup \{\phi\} \vdash \phi$ と合わせて $\Gamma \cup \{\phi\}$ は無矛盾でない．

逆に $\Gamma \cup \{\phi\}$ は無矛盾でない，すなわち $\Gamma \cup \{\phi\} \vdash \psi$ かつ $\Gamma \cup \{\phi\} \vdash \neg\psi$ なる $\psi$ があるとする．演繹定理より，$\Gamma \vdash \phi \to \psi$ かつ $\Gamma \vdash \phi \to \neg\psi$ である．

$$(\phi \to \psi) \to [(\phi \to \neg\psi) \to \neg\phi]$$

はトートロジーであるから，完全性定理より theorem である．モーダス・ポネ

ンスを 2 度用いて $\Gamma \vdash \neg\phi$ である. □

特に $\phi$ が無矛盾であることと $\neg\phi$ が theorem でないことが同値である.

**定義 2.23**　論理式のあつまり $\Gamma$ は付値 $v$ で $v(\phi) = 1$ $(\phi \in \Gamma)$ なるものが存在するとき,充足可能であるという.

完全性定理は,$\phi$ が theorem であることと $\phi$ がトートロジーであることの同値性であった.これは $\neg\phi$ が theorem でないことと $\phi$ が充足可能であることが同値である,と言い換えられる.

また有限個の論理式 $\{\phi_1, \cdots, \phi_n\}$ が無矛盾であることは $\phi_1 \wedge \cdots \wedge \phi_n$ が無矛盾であることと同値であることを注意しよう.

**命題 2.24** (完全性定理と同値な命題)　(i) $\neg\phi$ が theorem でないことと $\phi$ が充足可能であることが同値である.
(ii) 論理式 $\phi$ が無矛盾であることと充足可能であることが同値である.
(iii) 有限個の論理式が無矛盾であることと充足可能であることは同値である.

充足可能性はセマンティクスの概念であり,無矛盾性はシンタクスの概念である.命題の主張はいずれもセマンティクスとシンタクスの同等性であることに注意されたい.

## 2.6　Lindenbaum 代数の構造とコンパクト性定理

この節では位相空間の知識が必要である.

$P$ を命題変数の集合とする.2 は離散位相空間としてコンパクト・ハウスドルフであるので直積空間 $2^P$ はコンパクト・ハウスドルフ空間である.付値 $v$ に $2^P$ の点 $(v(p))_{p \in P}$ を対応させると,付値の全体は $2^P$ と同一視できる.

論理式 $\phi$ について

$$V_\phi = \{v \in 2^P \mid v(\phi) = 1\}$$

とおく.論理式 $\phi$ は論理変数を有限個しか含まないので,$V_\phi$ は $2^P$ の開閉集合である.

$$V_{\neg \phi} = 2^P - V_\phi,$$

$$V_{\phi \to \psi} = V_{\neg \phi} \cup (V_\phi \cap V_\psi)$$

なので

$$V_{\phi \vee \psi} = V_\phi \cup V_\psi,$$

$$V_{\phi \wedge \psi} = V_\phi \cap V_\psi.$$

さらに

$$\vdash \phi \to \psi \Longrightarrow V_\phi \subseteq V_\psi$$

が成立する．したがって $|\phi| \longrightarrow V_\phi$ は，Lindenbaum 代数から $2^P$ の開閉集合全体のなすブール代数 $\mathrm{clop}(2^P)$ への写像として well-defined で，ブール準同型である．

完全性定理より，$V_\phi = 2^P$ ならば，$|\phi| = 1$ なので，$|\phi| \longrightarrow V_\phi$ は単射である．

**定理 2.25** $|\phi| \longrightarrow V_\phi$ は Lindenbaum 代数とブール代数 $\mathrm{clop}(2^P)$ の同型である．

**証明** 全射であること，すなわち任意の開閉集合が $V_\phi$ とあらわされることを示せばよい．$V_\phi$ の全体は $2^P$ の位相の基となる．$V$ は任意の開閉集合であるとする．$y \in V$ について，$y \in V_{\phi_y} \subseteq V$ なる $\phi_y$ が定まる．$V_{\phi_y} \ (y \in V)$ は $V$ の開被覆である．$V$ はコンパクトなので，有限部分被覆 $V_{\phi_1}, \cdots, V_{\phi_n}$ がとれる．その和集合が求めるものである． □

**定理 2.26 (コンパクト性定理)** 論理式の集合 $\varGamma$ が充足可能であることは，その任意の有限部分集合が充足可能であることに同値である．

**証明** $\varGamma$ の任意の有限部分集合は充足可能であるとする．$\{V_\phi \mid \phi \in \varGamma\}$ はコンパクト空間 $2^P$ の有限交叉性をもつ閉集合である．したがって共通点 $v \in 2^P$ をもつ．$\varGamma$ は付値 $v$ を充足する． □

**命題 2.27** 論理式の集合 $\varGamma$ が無矛盾であることとその任意の有限部分集合が無矛盾であることは同値である．

**証明** 無矛盾でない $\Gamma$ の有限部分集合があるとする．あきらかに $\Gamma$ は無矛盾でない．

$\Gamma$ は無矛盾でないとする．$\Gamma \vdash \phi$ かつ $\Gamma \vdash \neg\phi$ となる $\phi$ がある．有限部分集合 $\Gamma_1, \Gamma_2$ があって $\Gamma_1 \vdash \phi$ かつ $\Gamma_2 \vdash \neg\phi$ となる．$\Gamma_0 = \Gamma_1 \cup \Gamma_2$ は無矛盾でない有限集合である． □

**定理 2.28** 論理式の集合 $\Gamma$ が無矛盾であることと充足可能であることは同値である．

**証明** 前命題より，$\Gamma$ が無矛盾であることとその任意の有限部分集合が無矛盾であることは同値である．完全性定理と同値な命題より，その任意の有限部分集合が無矛盾であることと充足可能であることは同値である．コンパクト性定理より，$\Gamma$ の任意の有限部分集合が充足可能であることと $\Gamma$ が充足可能であることとは同値である． □

## 2.7 文献ノート

第 2 章では命題論理をブール代数の枠組みで述べた．本書で主に参考にしたのは，Lindenbaum 代数については

- J.L.Bell and A.B.Slomson, *Models and Ultraproducts*, North-Holland, 1969

である．

ヒルベルト流の公理系における theorems とその proofs の実例が詳しい書物として

- A.G.Hamilton, *Logic for Mathematicians*, Revised edition, Cambridge Univ. Press, 1988

がある．

命題論理は数学的構造を記述するには不十分であり，述語論理 (次章) によらなければならない．そこでは本章とは独立な記述を行うが，Lindenbaum 代数を述語論理に拡張し，本章と類似の議論を進める方法もある．Bell and Slomson の著書を参照されたい．

# 第 3 章

# 構造とモデル

この章では一階述語論理に対するコンパクト性定理の極大フィルターを用いる証明を紹介する．本書の他の部分とは独立である．

## 3.1 言語と構造

数学を記述する言語 $L$ は次の記号からなる：

- 定数記号，
- 関数記号，
- 述語記号．

関数記号，変数記号には自然数 $n$ が対応し，$n$ 変数関数記号，$n$ 変数述語記号と言われる．

言語 $L$ を

$$L = \{c_i \ (i \in I), F_j \ (j \in J), P_k \ (k \in K)\}$$

のように表す．ただし $c_i$ は定数記号，$F_j$ は関数記号，$P_k$ は述語記号である．

さらにどのような数学的構造を対象とする場合も次の記号が必要である：

- 変数記号，
- 論理記号 $\{\wedge, \vee, \neg, \forall, \exists\}$，
- 等号 $=$．

$\wedge$ は and, $\vee$ は or, $\neg$ は not を意味し命題論理の場合と同様である．$\forall$ は for all, $\exists$ は exists を意味する．

**定義 3.1** 次の規則により作られるものを言語 $L$ の項 (term) とよぶ．

(i) すべての変数記号は項である．
(ii) すべての定数記号は項である．
(iii) $F \in L$ が $n$ 変数関数記号で，$t_1, \cdots, t_n$ が項ならば，$F(t_1, \cdots, t_n)$ は項である．

**定義 3.2** 言語 $L$ の項と論理記号から次のようにつくられるものを $L$ の一階論理式あるいは単に $L$ 論理式という．

(i) $t, s$ が $L$ の項のとき $t = s$ は $L$ の論理式である．
(ii) $t_1, \cdots, t_n$ が $L$ の項，$P$ が $L$ の $n$ 変数述語記号ならば，$P(t_1, \cdots, t_n)$ は $L$ の論理式である．
(iii) $\phi, \psi$ が $L$ の論理式ならば，$\phi \wedge \psi, \phi \vee \psi, \neg \phi$ は $L$ の論理式である．
(iv) $\phi, \psi$ が $L$ の論理式，$x$ が変数記号ならば，$\exists x \phi, \forall x \phi$ は $L$ の論理式である．

論理記号を含まない論理式を原子論理式 (atomic formula) という．

論理式の中にあらわれる変数は $\forall x \phi, \exists x \phi$ の $x$ のような束縛変数とそれ以外の自由変数とがある．自由変数がない論理式を閉論理式または文 (sentence) とよぶ．

論理式 $\phi$ の自由変数が $\{x_1, \cdots, x_n\}$ に含まれることを $\phi(x_1, \cdots, x_n)$ と表す．変数の並び $\bar{x} = (x_1, \cdots, x_n)$ により $\phi(\bar{x})$ と表すこともある．

**構造** 言語 $L$ は

$$L = \{c_i \ (i \in I), F_j \ (j \in J), P_k \ (k \in K)\}$$

で，$F_j$ は $m_j$ 変数関数記号，$P_k$ は $n_k$ 変数の述語記号であるとする．$M$ は空でない集合とし，$M$ の元 $c_i^M$，$m_j$ 変数関数 $F_j^M : M^{m_j} \longrightarrow M$，部分集合 $P_k^M \subseteq M^{n_k}$ があたえられているとき

$$\mathscr{M} = (M, c_i^M (i \in I), F_j^M (j \in J), P_k^M (k \in K))$$

を $L$ 構造という．$L$ 構造 $\mathscr{M}$ を与えることを言語 $L$ の $\mathscr{M}$ 上での解釈という．そのときたとえば関数 $F_j^M$ を関数記号 $F_j$ の解釈という．

集合 $M$ を $\mathrm{dom}(\mathscr{M})$ と表し，構造 $\mathscr{M}$ のドメイン (domain) あるいはユニバース (universe) という．構造 $\mathscr{M}$ をそのドメインで代表させて $M$ と略記すること

が多い.

**例 3.3** 群 $G$ において単位元を $e$, 積を $\circ$, 逆元を $^{-1}$ で表す. $c$ は定数記号, $F_2$ は 2 変数関数記号, $F_1$ は 1 変数関数記号で言語 $L = \{c, F_2, F_1\}$ とする. $c$ の解釈を $e$, $F_2$ の解釈を $\circ$, $F_1$ の解釈を $^{-1}$ とすると, $M = (G, e, \circ, ^{-1})$ は $L$ 構造である.

**項の値** $t(\bar{x})$ $(\bar{x} = (x_1, \cdots, x_n))$ が $L$ の項であるとする. $\bar{a} = (a_1, \cdots, a_n) \in M^n$ のとき, 値 $t^M(\bar{a})$ を次のように帰納的に定義する:

(i) $t$ が変数記号 $x_i$ のときは, $t^M(\bar{a}) = a_i$.

(ii) $t$ が定数記号 $c$ のときは $t^M(\bar{a}) = c^M$.

(iii) $t$ が $F(s_1, \cdots, s_m)$ で, $s_i$ が項 $s_i(\bar{x})$ ならば,
$$t^M(\bar{a}) = F^M(s_1^M(\bar{a}), \cdots, s_m^M(\bar{a})).$$

**論理式の成立** $L$ 構造 $M$ が与えられたとする. $L$ 論理式 $\phi(x_1, \cdots, x_n)$ と $M$ の元の列 $a_1, \cdots, a_n$ が与えられたとき, 論理式 $\phi$ が $\bar{a} = (a_1, \cdots, a_n)$ で成立することを以下のように帰納的に定め, $M \models \phi(a_1, \cdots, a_n)$ と表す:

(i) $\phi$ が $t(\bar{x}) = s(\bar{x})$ のとき,
$$M \models t(\bar{a}) = s(\bar{a}) \iff t^M(\bar{a}) = s^M(\bar{a}).$$

(ii) $\phi$ が $P(t_1(\bar{x}), \cdots, t_m(\bar{x}))$ のとき,
$$M \models P(t_1(\bar{a}), \cdots, t_m(\bar{a})) \iff (t_1^M(\bar{a}), \cdots, t_m^M(\bar{a})) \in P^M.$$

(iii) 論理記号のある場合は次のように定める:
$$M \models \psi_1(\bar{a}) \wedge \psi_2(\bar{a}) \iff M \models \psi_1(\bar{a}) \text{ かつ } M \models \psi_2(\bar{a}),$$
$$M \models \psi_1(\bar{a}) \vee \psi_2(\bar{a}) \iff M \models \psi_1(\bar{a}) \text{ または } M \models \psi_2(\bar{a}),$$
$$M \models \neg \psi(\bar{a}) \iff M \models \psi(\bar{a}) \text{ でない},$$

$\phi(\bar{y}) = \forall x \, \psi(x, \bar{y})$ ならば
$$M \models \phi(\bar{a}) \iff \text{すべての } a \in M \text{ について } M \models \psi(a, \bar{a}),$$

$\phi(\bar{y}) = \exists x \, \psi(x, \bar{y})$ ならば $M \models \phi(\bar{a}) \iff$
$$M \models \psi(a, \bar{a}) \text{ となる } a \in M \text{ が存在する}.$$

以下 $\bar{a}$ の長さを明示しない略記法を用いる．たとえば $\bar{a} \in A$ はそれが集合 $A$ の元の列であることを表している．

**定義 3.4** $T$ を言語 $L$ の閉論理式のある集合，$M$ を $L$ 構造とする．$T$ のすべての論理式 $\phi$ が $M$ で成立する ($M \models \phi$) とき，$M \models T$ と記し，$M$ は $T$ のモデルであるという．

群の場合 $T$ は

$$\forall xyz\, (xy)z = x(yz),$$
$$\forall x\, x \cdot e = x,$$
$$\forall x\, x \cdot x^{-1} = e$$

である．ただし $\forall xyz$ は $\forall x(\forall y(\forall z \cdots))$ の省略形である．$T$ のモデルが群に他ならない．

**注意** 命題論理は退化した述語論理とみなすことができる．言語 $L$ は 0 変数の述語記号 $P_i$ $(i \in I)$ からなるとする．項は存在しない．述語記号を命題変数と対応させる．$M^0$ は 1 点集合 $\{*\}$ である．論理式は命題論理の場合と一致する．述語記号 $P_i$ の解釈は $\{*\}$ の部分集合，したがって $\{*\}$ か $\emptyset$ のいずれかである．これを $P$ を命題変数とみなすとき，それぞれ真理値 1 (true), 0 (false) と対応させる．構造 $M$ がモデルであることと，充足可能性は一致する．

## 3.2 超積とコンパクト性定理

$I$ は無限集合とする．

**定義 3.5** ブール代数 $PI$ の極大フィルターを $I$ 上の超フィルターとよぶ．

**命題 3.6** $U \subseteq PI$ が有限交叉性をもてば，超フィルターに含まれる．$U \subseteq PI$ が超フィルターである条件はそれが有限交叉性をもち，すべての $A \subseteq PI$ について，$A \in U$ または $I - A \in U$ となることである．

**証明** 前半は補題 1.54，後半は命題 1.55 である． □

$L$ 構造 $M_i$ $(i \in I)$ と $I$ 上のフィルター $F$ が与えられたとする．

まず直積 $\prod_{i \in I} M_i$ に同値関係を次のように定める．$f, g \in \prod_{i \in I} M_i$ に対して

$$f \sim g \iff \{i \in I \mid f(i) = g(i)\} \in F$$

とすると $\sim$ はあきらかに同値関係になる．$f$ の $\sim$ による同値類を $[f]$ と表す．同値類の全体 $\prod_{i \in I} M_i \big/ \sim$ を $\prod_{i \in I} M_i \big/ F$ と表す．

次のようにして定められる $L$ 構造 $M^*$ を考え $\prod_{i \in I} M_i \big/ F$ と書く．

- $M^*$ のユニバースは $\prod_{i \in I} M_i \big/ F$ である．
- $c$ が $L$ の定数記号のときは，$c^{M^*} = [f]$．ただし $f(i) = c^{M_i}$．
- $F$ が $L$ の $m$ 変数関数記号のときは，

$$F^{M^*}([f_1], \cdots, [f_m]) = [g].$$

ただし $g$ は $g(i) = F^{M_i}(f_1(i), \cdots, f_m(i))$ で定義される関数．
- $P$ が $L$ の $n$ 変数述語記号のときは，

$$M^* \models P([f_1], \cdots, [f_m]) \iff \{i \in I : M_i \models P(f_1(i), \cdots, f_m(i))\} \in F.$$

**定義 3.7** 超フィルター $U$ に対する $\prod_{i \in I} M_i \big/ U$ を $M_i$ の超積 (ultra product) という．

論理式 $\phi(x_1, \cdots, x_n)$ と $f_1, \cdots, f_n \in M$ について

$$\| \phi(f_1, \cdots, f_n) \| = \{i \in I : M_i \models \phi(f_1(i), \cdots, f_m(i))\}$$

とおく．

Łoś (ウォシュ) による次の定理が成立する．

**定理 3.8** $U$ を $I$ の超フィルター，$M$ を $L$ 構造 $M_i$ $(i \in I)$ の超積とする．そのとき任意の論理式 $\phi(x_1, \cdots, x_n)$ と $[f_1], \cdots, [f_n] \in M$ に対して，

$$M \models \phi([f_1], \cdots, [f_n]) \iff \| \phi(f_1, \cdots, f_n) \| \in U$$

が成立する．

**証明** 簡単のため言語 $L$ は述語記号だけからなるものとする．$\phi$ の中の論理記号 $m$ に関する帰納法による．$m = 0$ のときは $\phi$ は述語記号 $P(x_1, \cdots, x_n)$ なので定義そのものである．

$m \geq 1$ のとき：$\phi(\bar{x})$ は次のいずれかの形をしている：$\psi_1(\bar{x}) \land \psi_2(\bar{x})$, $\psi_1(\bar{x}) \lor \psi_2(\bar{x})$, $\neg\psi(\bar{x})$, $\exists x\,\psi(x,\bar{x})$, $\forall x\,\psi(x,\bar{x})$.

$\phi(\bar{x}) = \psi_1(\bar{x}) \land \psi_2(\bar{x})$ の場合：

$$M \models \psi_1([\bar{f}]) \land \psi_2([\bar{f}]) \iff M \models \psi_1([\bar{f}]) \text{ かつ } M \models \psi_2([\bar{f}])$$
$$\iff \|\psi_1(\bar{f})\|, \|\psi_2(\bar{f})\| \in U$$
$$\iff \|\psi_1(\bar{f})\| \cap \|\psi_2(\bar{f})\| \in U$$
$$\iff \{i \in I : M_i \models \psi_1(\bar{f}(i)) \text{ かつ } M_i \models \psi_2(\bar{f}(i))\} \in U$$
$$\iff \{i \in I : M_i \models \psi_1(\bar{f}(i)) \land \psi_2(\bar{f}(i))\} \in U.$$

ここでは $U$ がフィルターであることを用いた．

$\phi(\bar{x}) = \exists x\,\psi(x,\bar{x})$ の場合：$M \models \exists x\,\psi(x,[\bar{f}])$ とする．$[g]$ を適当に選んで

$$M \models \psi([g],[\bar{f}]).$$

$\psi$ に対して帰納法の仮定を用いると，

$$\|\psi(g,\bar{f})\| \in U.$$

$\{i \in I : M_i \models \exists x\,\psi(x,\bar{f}(i))\} \supseteq \{i \in I : M_i \models \psi(g(i),\bar{f}(i))\}$ だから

$$\|\exists x\,\psi(x,\bar{f})\| \in U.$$

逆に $\|\exists x\,\psi(g,\bar{f})\| \in U$, すなわち $A = \{i \in I : M_i \models \exists x\,\psi(x,\bar{f}(i))\} \in U$ とする．各 $i \in A$ について，$M_i \models \exists x\,\psi(a_i,\bar{f}(i))$ なる元 $a_i \in M_i$ を選ぶ．$g(i) = a_i$ $(i \in A)$ なる $g \in \prod_{i \in I} M_i$ をとれば，帰納法の仮定により，$M \models \psi([g],[\bar{f}])$. したがって，$M \models \exists x\,\psi(x,[\bar{f}])$ である．

$\phi(\bar{x}) = \neg\psi(\bar{x})$ の場合：

$$M \models \neg\psi([\bar{f}]) \iff \|\psi(\bar{f})\| \notin U \iff I - \|\psi(\bar{f})\| \in U$$
$$\iff \{i \in I : M_i \models \neg\psi(\bar{f}(i))\} \in U$$
$$\iff \|\neg\psi(\bar{f})\| \in U.$$

ここではフィルター $U$ が極大であることを用いた. □

**定理 3.9** (コンパクト性定理)  言語 $L$ の閉論理式の集合 $T$ の任意の有限部分集合がモデルをもつことと, $T$ がモデルをもつことは同値である.

**証明**  各有限集合 $F \subseteq T$ について, モデル $M_F \models F$ を選ぶ. $I$ を $T$ の有限部分集合全体として, $A_F = \{E \in I : M_E \models F\}$ とする. $F \in A_F$ である. $A_F$ の全体を $V \subseteq PI$ とする. $A_{F_1} \cap \cdots \cap A_{F_n}$ は $F_1 \cup \cdots \cup F_n \in I$ を要素にもつので $V$ は有限交叉性をもつ. したがって $V$ を含む $I$ 上の超フィルター $U$ が存在する. 超積 $M = \prod_{F \in I} M_F / U$ が求めるモデルである. 実際 $\phi \in T$ とすると, $A_{\{\phi\}} \in U$, すなわち $\{E \in I : M_E \models \phi\} \in U$. Loś の定理により, $M \models \phi$ である. □

## 3.3 基本写像

構造が類似している, あるいは部分になっていることを表すいくつかの概念を述べる.

**定義 3.10**  $L$ 構造 $M, N$ が同型 (isomorphic, $M \cong N$) とは次の条件をみたす全単射 $\sigma : M \longrightarrow N$ が存在することである:

- 定数記号 $c$ について $\sigma(c^M) = c^N$.
- $m$ 変数関数記号 $F$ について
$$\sigma(F^M(a_1, \cdots, a_m)) = F^N(\sigma(a_1), \cdots, \sigma(a_m)) \quad (\forall a_1, \cdots, a_n \in M).$$
- $n$ 変数述語記号 $P$ について
$$P^N = \{(\sigma(a_1), \cdots, \sigma(a_n)) \in N^n : (a_1, \cdots, a_n) \in P^M\}.$$

同型写像 $\sigma$ については, 項 $t(x_1, \cdots, x_n)$ と $a_1, \cdots, a_n \in M$ について
$$\sigma(t^M(a_1, \cdots, a_n)) = t^N(\sigma(a_1), \cdots, \sigma(a_n))$$
が成立している.

$M, N$ は $L$ 構造とする. すべての閉論理式 $\phi$ について
$$M \models \phi \Longleftrightarrow N \models \phi$$

が成立するとき，$M, N$ は基本的に同値であるといい $M \equiv N$ と書く．

**定義 3.11** $M, N$ は $L$ 構造とする．写像 $\sigma : M \longrightarrow N$ が基本 (elementary) 写像であるとは任意の $L$ 論理式 $\phi(x_1, \cdots, x_n)$ とすべての $a_1, \cdots, a_n \in M$ について

$$M \models \phi(a_1, \cdots, a_n) \iff N \models \phi(\sigma(a_1), \cdots, \sigma(a_n))$$

が成立することである．

$\sigma : M \longrightarrow N$ が基本写像ならば $M, N$ は基本的に同値である．

論理式 $x_1 = x_2$ に基本写像の条件を適用すると

$$a_1 = a_2 \iff \sigma(a_1) = \sigma(a_2) \quad (\forall a_1, a_2 \in M)$$

を得る．これは基本写像 $\sigma$ が単射であることを示している．

**問 3.1** $\sigma : M \longrightarrow N$ が同型写像ならば基本写像であることを示せ．

したがって，$M, N$ が同型ならば基本的に同値である．

**定義 3.12** $M$ を $L$ 構造とする．空でない部分集合 $N \subseteq M$ が次の条件をみたすとき，$N$ は $M$ の部分構造と呼ばれる．

(i) 定数 $c \in L$ について，$c^M \in N$．
(ii) 関数記号 $F \in L$ の解釈 $F^M$ に対して $N$ は閉じている：

$$\bar{a} \in N \implies F^M(\bar{a}) \in N.$$

$N$ を $L$ 構造 $M$ の部分構造とする．

- $c^N = c^M$
- $F^N = F^M | N^M$
- $P^N = P^M \cap N^n$

と解釈することにより，$N$ は $L$ 構造になる．

**問 3.2** 任意の $L$ 原子論理式 $\phi(x_1, \cdots, x_n)$ とすべての $a_1, \cdots, a_n \in N$ について

$$M \models \phi(a_1, \cdots, a_n) \iff N \models \phi(a_1, \cdots, a_n)$$

が成立することを示せ．

**定義 3.13** $N$ を $L$ 構造 $M$ の部分構造とする．埋め込み $\mathrm{id}_{NM}: N \longrightarrow M$ が基本写像であるとき $N$ は $M$ の基本部分構造 $(N \preceq M)$，$M$ は $N$ の基本拡大という．

$M$ の部分構造 $N$ が基本部分構造である条件は任意の $L$ 論理式 $\phi(x_1, \cdots, x_n)$ とすべての $a_1, \cdots, a_n \in N$ について

$$M \models \phi(a_1, \cdots, a_n) \iff N \models \phi(a_1, \cdots, a_n)$$

が成立することである．

実数の構造 $\boldsymbol{R} = (\boldsymbol{R}; 0, 1, +, \cdot)$ の部分集合 $\boldsymbol{Q}$ (有理数全体) は部分構造である．$\boldsymbol{R} \models \exists x\,(x^2 = 2)$ だが $\boldsymbol{Q} \models \neg\exists x\,(x^2 = 2)$ であるので，$\boldsymbol{Q}$ は $\boldsymbol{R}$ の基本部分構造ではない．

**補題 3.14** (**Tarski-Vaught**) $M$ を $L$ 構造とし，$N \subseteq M$ とする．このとき次は同値である．

(i) $N$ は $M$ の基本部分構造である．

(ii) 任意の $L$ 論理式 $\phi(x, \bar{x})$ と $\bar{a} \in N$ について

$$M \models \exists x\, \phi(x, \bar{a}) \implies M \models \phi(a, \bar{a})\ \text{なる}\ a \in N\ \text{が存在する．}$$

**証明** (i) を仮定する．$M \models \exists x\, \phi(x, \bar{a})$ とすると，$N \models \exists x\, \phi(x, \bar{a})$ したがって $a \in N$ が存在して $N \models \phi(a, \bar{a})$ である．

逆に (ii) を仮定する．まず $N$ が部分構造であることを示す．定数記号 $c$ については $M \models \exists x\,[c = x]$ である．$a \in N$ が存在して $M \models c = a$ となる．$c^M = a \in N$ である．定数記号の $M$ での解釈は $N$ に入っている．

$F$ は関数記号とする．$\bar{a} \in N$ とすると

$$M \models \exists y\,[y = F(\bar{a})]$$

である．仮定より $a \in N$ が存在して $M \models a = F(\bar{a})$ となる．したがって $F^M(\bar{a}) = a \in N$ である．

すべての $L$ 論理式 $\phi$ と $\bar{a} \in N$ について

$$M \models \phi(\bar{a}) \iff N \models \phi(\bar{a})$$

を論理記号の数 $m$ に関する帰納法で示す．$m = 0$ の場合，すなわち原子論理式の場合はあきらかである．

$\phi = \phi_1 \wedge \phi_2$ で $\phi_1, \phi_2$ に対しては帰納法の仮定が成立するとする．$\bar{a} \in N$ として

$$\begin{aligned} M \models \phi(\bar{a}) &\iff M \models \phi_1(\bar{a}) \text{ かつ } M \models \phi_2(\bar{a}) \\ &\iff N \models \phi_1(\bar{a}) \text{ かつ } N \models \phi_2(\bar{a}) \\ &\iff N \models \phi(\bar{a}) \end{aligned}$$

である．

たとえば $\phi(\bar{x}) = \exists x \, \psi(x, \bar{x})$ において $\psi(x, \bar{x})$ においては帰納法の仮定が成立するとする．$\bar{a} \in N$ として

$$\begin{aligned} M \models \exists x \, \psi(x, \bar{a}) &\iff M \models \psi(a, \bar{a}) \text{ となる } a \in N \text{ が存在する} \\ &\iff N \models \psi(a, \bar{a}) \text{ となる } a \in N \text{ が存在する} \\ &\iff N \models \exists x \, \psi(x, \bar{a}) \end{aligned}$$

したがって $\phi$ についても成立する． $\square$

## 3.4　文献ノート

本章の記述は

- 坪井明人，モデルの理論，河合出版，1997

の準備的な部分を参考にした．なおこの本は安定性理論といわれる現代のモデル理論を解説したものである．モデル理論の全般については

- W.Hodges, *A shorter model theory*, Cambridge University Press, 1997

がある．

現代の数理論理学への本格的なテキストとしては

- 田中一之 (編・著)，数学基礎論講義，日本評論社，1997

が薦められる．数理論理学の入門書としては

- P.J.Cameron, *Sets, Logic and Categories*, Springer Verlag, 1999

がある．集合論入門も兼ねているので，さかのぼって一から学びたい場合には良いと思う．

# 第 4 章

# ブール代数の表現定理

第 2 章で Lindenbaum 代数はカントル集合の開閉集合のなすブール代数と同型であることを示した．この類似が任意のブール代数において成立するというのが Stone の表現定理である．

## 4.1 位相のまとめ

位相空間の諸概念，用語などをまとめておく．

**位相空間** $X$ は集合，$\mathscr{O} \subseteq PX$ とする．$\mathscr{O}$ の任意個の元の和集合が $\mathscr{O}$ に属し，$\mathscr{O}$ の有限個の元の共通部分集合が $\mathscr{O}$ に属するとする．そのとき $\mathscr{O}$ は $X$ 上の位相である，または $(X, \mathscr{O})$ は位相空間であるという．$\mathscr{O}$ の要素は $X$ の開集合であるという．

$X$ は 0 個の $\mathscr{O}$ の元の共通集合として，開集合である．同様に $\emptyset$ は 0 個の $\mathscr{O}$ の元の和集合として開集合である．

補集合が開集合である部分集合を閉集合であるという．$\mathscr{O}$ として $PX$ 自身をとることもできる．その場合定まる位相を離散位相という．

$(X, \mathscr{O})$ が位相であるとき $\mathscr{O}$ を $OX$ と表すこともある．

**近傍** $x \in U$ なる $U \in OX$ を点 $x$ の近傍という．$U$ が $x$ の近傍であることを $U_x$ と表すこともある．

**内点** $Y \subseteq X$ とする．$y \in Y$ はその近傍で $Y$ に含まれるものが存在するとき $Y$ の内点であるという．

**開核** $Y \subseteq X$ とする．$Y$ の内点の全体は開集合である．それを $Y$ の開核という．$Y$ の開核は $Y$ に含まれる開集合の和集合である．

**閉包** $Y \subseteq X$ を含む閉集合全体の共通集合を $Y$ の閉包といい, $\overline{Y}$ と書く.

**基** $\mathscr{B} \subseteq OX$ が, すべての $x$ の近傍 $U$ について, $x \in V \subseteq U$ なる $V \in \mathscr{B}$ があるという条件をみたすとき, $\mathscr{B}$ をこの位相あるいは開集合系の基であるという. $\mathscr{B} \subseteq PX$ がある位相の基になるためには次の条件

(i) 任意の $x \in X$ に対し, $x \in U$ なる $U \in \mathscr{B}$ が存在する.
(ii) 任意の $U_1, U_2 \in \mathscr{B}$ と $x \in U_1 \cap U_2$ に対し, $x \in U \subseteq U_1 \cap U_2$ なる $U \in \mathscr{B}$ が存在する.

の成立が必要である. これらの条件のもとでは $\mathscr{B}$ の部分集合の和集合を開集合とさだめることにより, $\mathscr{B}$ はその位相の基になる.

**第 2 可算公理** 可算個の元からなる開集合の基が存在する位相空間は第 2 可算公理をみたすという.

**分離公理** 次の $T_0, T_1, T_2$ のいずれかをみたす位相空間においてそれぞれ分離公理 $T_0, T_1, T_2$ が成り立つという.

$T_0$ $x \neq y$ なら $x$ を含み $y$ を含まない開集合が存在するか, $y$ を含み $x$ を含まない開集合が存在する.

$T_1$ $x \neq y$ なら $x$ を含み $y$ を含まない開集合と, $y$ を含み $x$ を含まない開集合が存在する.

$T_2$ $x \neq y$ なら $x$ をふくむ開集合と $y$ をふくむ開集合で互いに交わらないものが存在する.

**ハウスドルフ空間** 分離公理 $T_2$ が成立する位相空間をハウスドルフ (Hausdorff) 空間という.

**問 4.1** 位相空間において, 1 点集合 $\{x\}$ が閉であることと, $T_1$ であることは同値であることを示せ.

**連続写像** $(X, OX), (Y, OY)$ を位相空間, $f : X \longrightarrow Y$ を写像とする. $V \subseteq Y$ の逆像を $f^{-1}(V) = \{x \in X \mid f(x) \in V\}$ とする. $V \in OY \Longrightarrow f^{-1}(V) \in OX$ が成り立つとき, $f$ は連続写像であるという. $f$ が全単射で $f$ とその逆写像が連続のとき, $f$ は同相写像, $X$ と $Y$ は同相であるという.

## 4.1. 位相のまとめ

**相対位相** $(X, OX)$ は位相空間, $Y$ は $X$ の部分集合とする. $OY = \{U \cap Y \mid U \in OX\}$ は $Y$ の位相を定める. この位相を相対位相, $(Y, OY)$ を部分位相空間, あるいは単に部分空間という.

**被覆** 集合 $X$ において, $\Gamma \subseteq PX$ が $X = \cup \Gamma$ をみたすとき, 被覆であるという. $\Gamma$ が有限集合のとき有限被覆という.

**コンパクト性** 位相空間 $X$ において, $\Gamma \subseteq OX$ が $X$ の被覆であるとき, 開被覆であるという. 任意の開被覆が与えられたとき, その有限部分集合で被覆になるものが存在するとき, $X$ はコンパクトであるという. $X$ がコンパクトであることと $X$ の閉集合の族が有限交叉性をもつこと, すなわちその任意の有限部分族の共通集合が空でないときその共通集合が空でないこととは同値である.

部分集合 $Y \subseteq X$ が相対位相でコンパクトとなるとき, $Y$ はコンパクトであるという.

ハウスドルフ空間のコンパクトな部分集合は閉集合である.

**直積空間** $I$ は集合, $X_i$ $(i \in I)$ は集合とする. $(x_i)$ $(i \in I)$ の全体を $X_i$ $(i \in I)$ の直積といい, $X = \prod_{i \in I} X_i$ と表す. $X_i$ $(i \in I)$ は位相空間とする. $A_i$ はたかだか有限の $i$ について $X_i$ の開集合で, 他の $i$ では $X_i$ であるようなものとし $\prod_{i \in I} A_i$ の全体を $\mathscr{B}$ とする. $\mathscr{B}$ は $X$ の位相の基となるので, その位相空間を直積空間という.

**問 4.2** $X_i$ がハウスドルフ空間ならば, その直積空間もハウスドルフ空間であることを示せ.

**定理 4.1 (チコノフの定理)** $X_i$ がコンパクトならば, その直積空間もコンパクトである.

**埋め込み** $f: X \longrightarrow Y$ を連続写像で, $f(X)$ を $Y$ の部分空間として $f: X \longrightarrow f(X)$ が同相となるとき, $f$ を埋め込みという.

**孤立点** 位相空間の点の近傍でその点だけからなるものがあるとき, その点を孤立点という.

**開閉集合** 位相空間 $X$ の開閉集合の全体を $\text{clop}(X)$ (closed and open) と表す.

**連結性**　位相空間 $X$ の部分集合 $Y$ が相対位相で $\mathrm{clop}(Y) = \{\emptyset, Y\}$ となるとき，連結であるという．

**距離空間**　$X$ は集合とする．$d : X \times X \longrightarrow \boldsymbol{R}$ が

(i) $d(x, y) \geq 0, d(x, y) = 0 \Longrightarrow x = y$

(ii) $d(x, y) = d(y, x)$

(iii) $d(x, z) \leq d(x, y) + d(y, z)$

をみたすとき，$d$ を距離といい，組 $(X, d)$ を距離空間という．

$x \in X, r > 0$ について，

$$B(x, r) = \{y \in X \mid d(x, y) < r\}$$

を中心 $x$，半径 $r$ の開球という．開球の全体が基となる位相が定まる．この位相はハウスドルフである．

位相空間があたえられたとき，距離があって，そのすべての開球が基となるとき，距離化可能であるという．

**完備性**　距離空間 $(X, d)$ の点列 $\{x_n\}$ が

$$\lim_{m, n \to \infty} d(x_m, x_n) = 0$$

をみたすとき，コーシー列であるという．任意のコーシー列が収束列であるときその距離空間は完備であるという．

**全有界性**　距離空間 $(X, d)$ において，任意の $r > 0$ について有限集合 $F \subseteq X$ で，$X \subseteq \bigcup_{x \in F} B(x, r)$ なるものが存在するとき全有界であるという．

**定理 4.2**　距離空間がコンパクトであることと完備かつ全有界であることは同値である．

**補題 4.3**　$f : X \longrightarrow Y$ を連続写像とする．$f$ が全射ならば $f^{-1} : OY \longrightarrow OX$ は単射である．$Y$ が $T_1$ なら逆も成立する．

**証明**　$f$ は全射であるとする．$f(f^{-1}(U)) = U$ だから，$f^{-1}$ は単射である．
逆に $Y$ が $T_1$ で $f^{-1}$ 単射であるとする．$y \in Y$ について $Y - \{y\}$ は開集合で $f^{-1}(Y - \{y\}) \neq f^{-1}(Y) = X$ である．$f(x) = y$ となる $x \in X$ が存在する．□

**補題 4.4** $f : X \longrightarrow Y$ は連続写像とする．$f$ が埋め込みなら $f^{-1} : OY \longrightarrow OX$ は全射である．$X$ が $T_0$ なら逆も成立する．

**証明** 前半はあきらか．$X$ が $T_0$ で，$f^{-1}$ は全射であるとする．$x \neq x'$ とする．$x \in U, x' \notin U$ なる開集合がある場合，$U = f^{-1}(V)$ なる $V \in OY$ がある．$f(x) \in V, f(x') \notin V$ だから，$f(x) \neq f(x')$ である．したがって $f$ は単射である．$X$ と $f(X)$ はあきらかに同相である． □

## 4.2 Stone 空間

$X$ を位相空間とするとき，$OX$ は一般にブール代数にならない．開閉集合の全体 clop($X$) はブール代数になるが，位相空間のクラスを適当にとれば，すべてのブール代数が clop($X$) として得られる．

**定義 4.5** 位相空間 $X$ において clop($X$) が開集合の基になるとき，$X$ はゼロ次元であるという．

**定義 4.6** コンパクトなハウスドルフ空間 $X$ がゼロ次元ならば，$X$ を Stone 空間とよぶ．

**注意** $X$ が $T_0$ 空間で clop($X$) が開集合の基になるならば，$X$ はハウスドルフ空間である．上の定義の分離公理の条件は $T_0$ でよい．

**補題 4.7** $X$ はコンパクトなハウスドルフ空間とする．$\mathscr{A} \subseteq$ clop($X$) で，$x \neq y$ なら $x \in U, y \notin U$ なる $U \in \mathscr{A}$ があるとき，
 (i) $X$ はゼロ次元である ($X$ は Stone 空間である)．
 (ii) さらに $\mathscr{A}$ が clop($X$) の部分 join 半束ならば $\mathscr{A} =$ clop($X$) である．

**証明** (i) まず $F$ が閉集合で，$x \notin F$ ならば，$x \in U, F \subseteq X - U$ となる $U \in \mathscr{A}$ が存在することを示す．$y \in F$ について，$U_y \in \mathscr{A}$ で $x \in U_y, y \notin U_y$ なるものが存在する．$X - U_y$ ($y \in F$) は $F$ の開被覆である．$F$ はコンパクトであるから，有限部分被覆 $\{X - U_{y_i} \mid 1 \leq i \leq n\}$ が存在する．$U_{y_i}$ ($1 \leq i \leq n$) の共通集合を $U$ とすればよい．

$V$ は開集合で $x \in V$ とする．$U \in \mathscr{A}$ で $x \in U, X - V \subseteq X - U$ なるものがある．$\mathscr{A}$ は開集合の基である．

(ii) $Y \in \mathrm{clop}(X)$ とする．$y \in Y$ について，$U_y \in \mathscr{A}$ で $y \in U_y \subseteq Y$ なるものが存在する．$Y$ はコンパクトであるから，有限部分被覆 $\{U_{y_i} \mid 1 \leq i \leq n\}$ が存在する．$Y$ はそれらの和集合なので，$Y \in \mathscr{A}$ である． □

**補題 4.8** Stone 空間の閉部分集合は相対位相により Stone 空間となる．

**証明** $X$ は Stone 空間，$Y$ はその閉部分集合であるとする．$\{Y \cap U \mid U \in \mathrm{clop}(X)\}$ は前補題における $\mathscr{A}$ の条件をあきらかにみたすので $Y$ は Stone 空間である． □

**命題 4.9** コンパクトなハウスドルフ空間 $X$ がゼロ次元であることと，$x \in X$ について，$x$ を含むすべての開閉集合の共通集合は 1 点であることが同値である．

**証明** ゼロ次元であるとする．$x \neq y$ とすると，$x \in U$ かつ $y \notin U$ なる開閉集合 $U$ がある．$x$ を含む開閉集合の共通集合は 1 点である．

逆にすべての $x \in X$ について，$x$ を含むすべての開閉集合の共通集合は 1 点であることを仮定する．$\mathrm{clop}(X)$ は補題 4.7 の条件をみたす．したがって $X$ はゼロ次元である． □

位相空間 $X$ において，その点 $x$ を含む連結集合の和集合はまた連結になる．包含関係に関して最大な連結集合が存在する．それを $x$ の連結成分という．次の結果が知られている．

**補題 4.10** コンパクトなハウスドルフ空間の 1 点 $x$ の連結成分は，$x$ を含む開閉集合全体の共通集合と一致する．

位相空間 $X$ において，各点 $x$ の連結成分が $\{x\}$ であるとき，空間 $X$ を完全不連結という．Stone 空間はコンパクト完全不連結なハウスドルフ空間としても特徴づけられる．

**カントル空間** 2点集合 $2 = \{0,1\}$ は離散位相でコンパクトなハウスドルフ空間である．$I$ を任意の集合とすると直積空間 $X = 2^I$ はコンパクトなハウスドルフ空間になる．開集合の基は，有限個の $i$ で $U_i$ は1点集合，その他の $i$ で $U_i = 2$ である $U_i$ の直積 $\prod_{i \in I} U_i$ からなる．それらは $PX$ の部分ブール代数で補題 4.7 の仮定をみたすので，$X$ は Stone 空間である．これをカントル空間という．

**カントル集合** $I$ が可算無限の場合のカントル空間 (と同相な空間) をカントル集合という．これはカントルの3進集合に同相である．

**超距離空間** 3角不等式 $d(x,z) \leq d(x,y) + d(y,z)$ のかわりにより強い条件

$$d(x,z) \leq \max\{d(x,y), d(y,z)\}$$

がみたされるとき，$d$ を超距離 (ultra metric) といい，組 $(X,d)$ を超距離空間という．

**カントル集合の超距離** $I = \{0,1,\cdots\}$ としてカントル集合の元を $\{x_i\}_{i \in I}$ であらわす．その2点 $x \neq y$ について $n$ を $x_n \neq y_n$ となる最初の添字とするとき，$d(x,y) = 2^{-n}$ とおく．

**問 4.3** $d$ は超距離でその位相は直積位相と一致することを示せ．

**命題 4.11** 超距離空間はゼロ次元である．

**証明** $\bar{B}(x,r) = \{y \in X \mid d(x,y) \leq r\}$ を閉球という．$y \in \bar{B}(x,r)$ とする．$z \in B(y,r)$ なら $d(x,z) \leq \max\{d(x,y), d(y,z)\} \leq r$ だから，$B(y,r) \subseteq \bar{B}(x,r)$ である．したがって，$\bar{B}(x,r)$ は開集合である．閉球は開閉集合でその全体は開集合の基をなす．したがって超距離空間はゼロ次元である． □

## 4.3 ブール代数の表現定理

$B$ はブール代数とする．$B$ からブール代数 2 への準同型 $x : B \longrightarrow 2$ の全体を $X$ と書く．$X$ に位相を入れるためにその開集合の基になるべきものを導入する．$b \in B$ について

$$\varphi(b) = \{x \in X \mid x(b) = 1\}$$

とおく.

$$X - \varphi(b) = \varphi(\neg b),$$
$$\varphi(a \vee b) = \varphi(a) \cup \varphi(b),$$
$$\varphi(a \wedge b) = \varphi(a) \cap \varphi(b)$$

が成り立つ.

$\{\varphi(b) \mid b \in B\}$ は開集合の基の条件をみたす. それが定める位相空間を $B$ のスペクトルといい, $\mathrm{spec}(B)$ と表す.

スペクトルが Stone 空間になることを, $X$ が Stone 空間になるような位相を入れ, それがスペクトルと一致することにより示す. $X$ は集合としては, $2^B$ の部分集合と次のように同一視される:

$$X = \bigcap_{a,b \in B} X_{a,b},$$
$$X_{a,b} = \{x \in 2^B \mid x(\neg a) = \neg x(a) \text{ and } x(a \vee b) = x(a) \vee x(b)\}.$$

$x \in 2^B$ について, $x \longmapsto x(b)$ は連続なので, $X_{a,b}$, したがって $X$ は $2^B$ の閉部分集合である. Stone 空間 $2^B$ の閉部分集合なので, $X$ に相対位相を導入した空間 (それをまた $X$ と表す) は Stone 空間である.

**補題 4.12** $\varphi : B \longrightarrow \mathrm{clop}(X)$ はブール代数の同型である.

**証明** $\Phi = \{\varphi(b) \mid b \in B\}$ は補題 4.7 の条件をみたすので, $\Phi = \mathrm{clop}(X)$ である. $\varphi : B \longrightarrow \mathrm{clop}(X)$ は上への準同型である.

$\varphi(b) = \varnothing$ ならば, $b = 0$ であるから, $\varphi$ は 1 対 1 である. したがって全単射な準同型として同型である. □

したがって, $\{\varphi(b) \mid b \in B\}$ は Stone 空間 $X$ の開集合の基となっている. $X$ は $\mathrm{spec}(B)$ と一致し, $\mathrm{spec}(B)$ は Stone 空間である.

以上をまとめると

**定理 4.13** $B$ がブール代数ならば, $\mathrm{spec}(B)$ は Stone 空間で, $\varphi : B \longrightarrow \mathrm{clop}(\mathrm{spec}(B))$ はブール代数の同型である.

次にこの定理に双対な定理を述べよう. $X$ は Stone 空間, $B = \mathrm{clop}(X)$ と

する．$x \in X$ について $\psi(x) : B \longrightarrow 2$ を，$\psi(x)(b) = 1 \iff x \in b$ で定める．$\psi(x) \in \mathrm{spec}(B)$ である．

**定理 4.14** 写像 $\psi : X \longrightarrow \mathrm{spec}(\mathrm{clop}(X))$ は同相である．

**証明** まず $\psi$ が連続であることを示す．$Y = \mathrm{spec}(\mathrm{clop}(X))$ とおく．その開閉集合は $U_b = \{y \in Y \mid y(b) = 1\}$ とあらわされる．$x \in \psi^{-1}(U_b) \iff \psi(x) \in U_b \iff \psi(x)(b) = 1 \iff x \in b$ だから，$\psi^{-1}(U_b) = b$ である．開閉集合は基をなし，その逆像が開 (閉) 集合なので，$\psi$ は連続である．

また空でない開閉集合の逆像は空でないので，$\psi(X)$ は $Y$ で稠密である．$\psi(X)$ はコンパクト，したがって閉集合であるから，$\psi : X \longrightarrow Y$ は全射である．

$x \neq x'$ とする．$x \in b, x' \in b', b \cap b' = \emptyset$ なる $b, b' \in B$ がある．$\psi(x)(b) = 1, \psi(x')(b) = 0$ だから，$\psi(x) \neq \psi(x')$ である．したがって $\psi$ は単射である．

したがって $\psi$ は全単射で，$\psi(b) = U_b$ であった．$\mathrm{clop}(X)$ は開集合の基をなすので，$\psi$ の逆写像も連続である． □

定理 4.13, 定理 4.14 を Stone の表現定理という．(Stone の) 双対定理，双対性などともいう．

$\varphi(b) = \{x : B \longrightarrow 2 \mid x(b) = 1\}$ であった．関係 $x^{-1}(1) = F$ により $\varphi(b)$ の点 $x$ と $b$ を含む素フィルター $F$ が対応する．$\varphi(b)$ は $b$ を含む素フィルターの集合と同一視できる．

**補題 4.15** ブール代数 $B$ において，$a$ がアトムであることと $\mathrm{spec}(B)$ において $\varphi(a)$ が孤立点のなす 1 点集合であることは同値である．

**証明** 補題 1.52 により，$a$ がアトムであることと，$a$ を含む極大 (素) フィルターがただ 1 つであることは同値である． □

次に引用する定理は距離化定理からの帰結である．

**定理 4.16** コンパクトなハウスドルフ空間が距離化可能であるための必要十分条件は，第 2 可算公理を満足することである．

したがって，可算ブール代数のスペクトルは第 2 可算公理をみたすコンパク

トなハウスドルフ空間として距離化可能である．

**命題 4.17** 可算ブール代数がアトムをもたないならば，そのスペクトルはカントル集合と同相である．

**証明** 前補題よりスペクトルは孤立点をもたない．孤立点をもたないコンパクト，完全不連結な距離空間はカントル集合と同相であることが知られている． □

## 4.4 写像の対応

ブール代数と Stone 空間の間には定理 4.13, 定理 4.14 で表される同型対応があった．ブール代数の準同型と Stone 空間の連続写像の間にもそれと整合する対応がある．

$f : A \longrightarrow B$ はブール準同型とする．$y \in \mathrm{spec}(B)$ に対し合成 $A \xrightarrow{f} B \xrightarrow{y} 2$ を対応させる写像を $\mathrm{spec}(f)$ とあらわす：

$$\mathrm{spec}(f)(y) = y \circ f,$$
$$\mathrm{spec}(f)(y) \in \varphi(a) \iff y \in \varphi(f(a))$$

であるから，$\mathrm{spec}(f) : \mathrm{spec}(B) \longrightarrow \mathrm{spec}(A)$ は連続写像である．

$g : X \longrightarrow Y$ は Stone 空間の間の連続写像とする．$U$ を $Y$ の開閉集合とすると $g^{-1}(U)$ は $X$ の開閉集合である．$U \longmapsto g^{-1}(U)$ は $\mathrm{clop}(Y)$ を $\mathrm{clop}(X)$ にうつす．あきらかにブール準同型なので，それを $\mathrm{clop}(g) : \mathrm{clop}(Y) \longrightarrow \mathrm{clop}(X)$ と表す．

**命題 4.18**

$$\varphi_B \circ f = \mathrm{clop}(g) \circ \varphi_A \iff g = \mathrm{spec}(f).$$

**証明** $a \in A$ について

$\varphi_B(f(a)) = \{y \in \mathrm{spec}(B) \,|\, y(f(a)) = 1\} = \{y \in \mathrm{spec}(B) \,|\, y \circ f \in \varphi_A(a)\},$

$\mathrm{clop}(g)(\varphi_A(a)) = \{y \in \mathrm{spec}(B) \,|\, g(y) \in \varphi_A(a)\}.$

したがって，$g = \mathrm{spec}(f)$ ならば $\varphi_B \circ f = \mathrm{clop}(g) \circ \varphi_A$ である．逆は $\{\varphi_A(a) \,|\, a \in A\}$ が開集合の基をなすことからあきらかである． □

この命題は定理 4.13, 定理 4.14 とともに第 6 章においてカテゴリーにおけるアジョイントの概念で説明されるが，

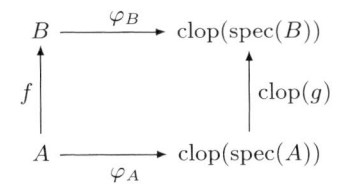

$$\begin{array}{ccc} B & \xrightarrow{\varphi_B} & \mathrm{clop}(\mathrm{spec}(B)) \\ {\scriptstyle f} \uparrow & & \uparrow {\scriptstyle \mathrm{clop}(g)} \\ A & \xrightarrow[\varphi_A]{} & \mathrm{clop}(\mathrm{spec}(A)) \end{array}$$

が可換になる条件を与えている．

補題 4.4 (補題 4.3) を用いるとブール準同型 $f: A \longrightarrow B$ が全射 (単射) であることと連続写像 $\mathrm{spec}(f): \mathrm{spec}(B) \longrightarrow \mathrm{spec}(A)$ が埋め込み (全射) であることが同値となる．

## 4.5　文献ノート

位相のテキストとしては

- 矢野公一，距離空間と位相構造，21 世紀の数学 4, 共立出版，1997

をあげておこう．なお命題 4.17 で引用した結果は同書の 173 ページにある．

1930 年代に M.H.Stone はブール代数の表現定理を証明し，ブール代数が豊かな数学的内容をもつことを示した．当時まだ一般的概念としては存在しなかった可換環の素イデアルの空間 (スペクトル) とカテゴリーにおけるアジョイントの概念が実質的に用いられているという，時代に先駆けた結果である．

ブール代数の表現定理については

- P.R.Halmos, *Lectures on Boolean Algebras*, Van Nostrand, 1963

を参考にした．

# 第 5 章

# フレーム

位相空間の開集合全体の束としての構造はフレームと呼ばれ，論理と位相の関係を与えている．

## 5.1 フレーム

### 5.1.1 フレームの定義

**定義 5.1**  順序集合がすべての join と有限 meet をもち，すべての部分集合 $S$ について

- 無限分配律

$$a \wedge (\vee S) = \vee \{a \wedge s \mid s \in S\}$$

をみたすとき，フレーム (frame) であるという．

$X$ を位相空間とすると開集合の全体の束 $(OX, \subseteq)$ はフレームである．

フレームは分配束である．

**命題 5.2**  完備な Heyting 代数はフレームである．

**証明**  Heyting 代数の元 $c$ を固定して $fb = c \wedge b$ とおくと，$f$ は左アジョイントであり，補題 1.59 より任意の join をたもつ．無限分配律が成立するのでフレームである． □

特に完備なブール代数はフレームである．

**命題 5.3**  フレームは Heyting 代数である．

**証明** $A$ はフレームであるとする．その元 $c$ を固定して $fa = c \wedge a$ とおくと，$A$ には任意の join があり，それが $f: A \longrightarrow A$ によりたもたれる．アジョイントの存在に関する補題 1.60 より，右アジョイント $g$ がある．$gb$ を $c \Rightarrow b$ と表すと Heyting 代数の条件がみたされる． □

フレームを Heyting 代数とみなしたとき，右アジョイントの構成より

$$(c \Rightarrow a) = \vee \{b \mid c \wedge b \leq a\}$$

である．したがって

$$\neg c = (c \Rightarrow 0) = \vee \{b \mid c \wedge b = 0\}$$

である．

**例 5.4** $X$ を位相空間とする．フレーム $OX$ を Heyting 代数とみなすとき，$U \in OX$ について

$$\neg U = \vee \{V \in OX \mid V \cap U = \varnothing\}$$

であるから，$\neg U$ は閉集合 $X - U$ の開核である．

**フレーム準同型** フレームからフレームへの束準同型ですべての join をたもつものをフレーム準同型という．フレームからフレームへの全単射写像 $f$ がフレーム準同型であるとき，$f$ をフレーム同型写像という．$A, B$ がフレームで，フレーム同型写像 $f: A \longrightarrow B$ があるとき，$A, B$ は同型であるという．

**部分フレーム** $A$ はフレームであるとする．$B$ は $A$ の部分集合とする．$B$ の元の $A$ における join が $B$ に属し，$B$ の有限個の元の $A$ における meet が $B$ に属するとする．このとき無限分配律は自動的に成立するので，$B$ はフレームになる．$A$ の部分フレームという．

### 5.1.2 ポイント

ブール代数のスペクトルはブール代数 2 への準同型の全体に位相を入れたものであった．フレームから 2 へのフレーム準同型をポイントという．その全体に位相を入れることができ，フレームと位相空間の双対性が生じる．

位相空間 $X$ の点 $x$ を 1 点集合 1 からの連続写像 $x: 1 \longrightarrow X$ とみなす．そ

れはフレーム準同型 $x^{-1}: OX \longrightarrow O1$ をひきおこす．フレーム $O1 = \{0, 1\}$ を 2 と書く．それにならって

**定義 5.5** $A$ をフレームとするとき，フレーム準同型 $p: A \longrightarrow 2$ をポイント (point) という．その全体を $\mathrm{pt}(A)$ と書く．

位相空間 $X$ の点 $x$ に $OX$ のポイント $x^{-1}: OX \longrightarrow 2$ を対応させる．そのポイントを $\psi(x)$ と表す．写像 $\psi: X \longrightarrow \mathrm{pt}(OX)$ を得る．

ポイントはその核 $p^{-1}(0)$ あるいは双対核 $p^{-1}(1)$ により特徴づけられる．

束において $\downarrow(a)$ はイデアルであるが，それが素イデアルであることは $a$ が prime element である，すなわち $a \neq 1$ で $b \wedge c \leq a \Longrightarrow b \leq a$ または $c \leq a$ が成り立つことと同値であった．

フレームにおいては次が成立する．

**定理 5.6** ポイント $p$ の核 $p^{-1}(0)$ は prime element $a$ により $\downarrow(a)$ とあらわされる．逆に $a$ が prime element ならば，$\downarrow(a)$ はあるポイントの核である．

**証明** ポイント $p$ の核を $K = p^{-1}(0)$ とする．$a = \vee K$ とおくと，$p(a) = \vee\{p(b) \mid b \in K\} = 0$ だから $K = \downarrow(a)$ である．$K$ は素イデアルであるので，$a$ は prime element である．

逆に $a$ が prime element であるとする．写像 $p: A \longrightarrow 2$ を $p(b) = 0 \Longleftrightarrow b \leq a$ で定義する．$a \neq 1$ だから $p(1) = 1$ であり，

$$p(b \wedge c) = 0 \Longleftrightarrow b \wedge c \leq a$$
$$\Longleftrightarrow (b \leq a \text{ または } c \leq a)$$
$$\Longleftrightarrow (p(b) = 0 \text{ または } p(c) = 0)$$

だから，$p(b \wedge c) = p(b) \wedge p(c)$．$S \subseteq A$ のとき，

$$p(\vee S) = 0 \Longleftrightarrow \vee S \leq a \Longleftrightarrow (\forall s \in S \ s \leq a) \Longleftrightarrow (\forall s \in S \ p(s) = 0)$$

だから，$p(\vee S) = \vee\{p(s) \mid s \in S\}$，したがって，$p$ はポイントである． □

ポイントは双対核 $p^{-1}(1)$ によっても特徴づけられる．

**定義 5.7** proper フィルター $F$ は $\vee S \in F \Longrightarrow \exists s \in F\, s \in F$ をみたすとき，completely prime という．

completely prime フィルターは素フィルターである．
$p$ がポイントなら，双対核 $p^{-1}(1)$ は completely prime フィルターであるが，逆も成立する．

**命題 5.8** フィルター $F$ が completely prime ならば，あるポイント $p$ の双対核である．

**証明** フィルター $F$ の補集合を $I$ とする．$a = \vee I$ とおくと，$F$ が completely prime なら $a \in I$ であるので $I = \downarrow(a)$ である．$I$ は素イデアルなので，$I$ はポイントの核である．したがって双対核について $p^{-1}(1) = F$ が成り立つ． □

完備ブール代数 $B$ のアトムの全体を $X$ で表す．$x \in X$ なら補題 1.26 より $\uparrow(x)$ は completely prime であり，前命題より（一意に定まる）ポイント $p$ の双対核である．写像 $x \longmapsto p$ を $\pi$ とする．

**定理 5.9** 写像 $\pi : X \longrightarrow \mathrm{pt}(B)$ は全単射である．

**証明** 関係 $\uparrow(x) = p^{-1}(1)$ より，アトム $x$ はポイント $p$ より一意に定まる．$p$ を任意のポイントとする．定理 5.6 より prime element $a$ が存在して，$\downarrow(a) = p^{-1}(0)$ と表される．また命題 1.46 より $\neg a = x$ はアトムである．$\downarrow(\neg x) = p^{-1}(0)$ は $\uparrow(x) = p^{-1}(1)$ に他ならない．$\pi$ は全射である． □

### 5.1.3 位相空間としての $\mathrm{pt}(A)$

フレーム $A$ のポイントの全体 $\mathrm{pt}(A)$ に位相を入れる．$a \in A$ について
$$\phi(a) = \{p \in \mathrm{pt}(A) \mid p(a) = 1\}$$
とおく．

**命題 5.10** $\phi : A \longrightarrow P(\mathrm{pt}(A))$ はフレーム準同型である．

**証明** $\phi(0) = \varnothing, \phi(1) = \mathrm{pt}(A)$ である．

$$p \in \cup\{\phi(a) \mid a \in S\} \iff (\exists a \in S)(p(a) = 1)$$
$$\iff \vee\{p(a) \mid a \in S\} = 1$$
$$\iff p(\vee S) = 1$$
$$\iff p \in \phi(\vee S).$$
$$p \in \phi(a) \cap \phi(b) \iff p \in \phi(a) \text{ かつ } p \in \phi(b)$$
$$\iff p(a) = 1 \text{ かつ } p(b) = 1$$
$$\iff p(a \wedge b) = 1$$
$$\iff p \in \phi(a \wedge b).$$

□

$\phi(a)$ ($a \in A$) を開集合の全体とする pt($A$) の位相が定まる.その位相空間も pt($A$) とあらわす.すなわち,

$$O(\mathrm{pt}(A)) = \{\phi(a) \mid a \in A\}.$$

**問 5.1** pt($A$) の位相は $T_0$ であることを示せ.

$B$ が完備なブール代数の場合はポイントとアトムを同一視すると

$$\phi(a) = \{x \in X \mid x \leq a\}$$

である.任意の $Y \subseteq X$ は $Y = \phi(\vee Y)$ とあらわされるので,pt($B$) = $X$ の位相は離散位相である.したがって定理 1.28 の拡張が得られる.

**命題 5.11** 完備ブール代数 $B$ のアトムの全体を $X$ で表す.

$$\phi : B \longrightarrow PX$$

はフレーム準同型で全射である.

$B$ が atomic ならば定理 1.28 に他ならない.

$X$ が位相空間のとき $x \in X$ に対応する $OX$ のポイント $\psi(x) = x^{-1} : OX \longrightarrow 2$ は,$U \in OX$ について

$$\psi(x) \in \phi(U) \iff x^{-1}(U) = 1 \iff x \in U$$

をみたす．$\psi^{-1}(\phi(U)) = U$ である．したがって

**補題 5.12**　$\psi : X \longrightarrow \mathrm{pt}(OX)$ は連続写像である．

**定義 5.13**　$\phi : A \longrightarrow O(\mathrm{pt}(A))$ が全単射のとき，フレーム $A$ は spatial であるという．

**注意**　実際の条件は $\phi$ が単射であることである．spatial ならば $\phi$ はフレーム同型である．

**命題 5.14**　$OX$ は spatial である．

**証明**　$U \neq V$ なら，$U - V \neq \emptyset$ または $V - U \neq \emptyset$．たとえば $x \in U, x \notin V$ とする．$\psi(x) \in \phi(U), \psi(x) \notin \phi(V)$，ゆえに $\phi(U) \neq \phi(V)$ である．　□

まとめとしてフレーム $A$ における概念とブール代数 $B$ における概念の対照表を示そう．

|  | $\mathrm{pt}(A)$ | $\mathrm{spec}(B)$ |
|---|---|---|
| 点 | $p : A \longrightarrow 2$ | $x : B \longrightarrow 2$ |
| 核 | $p^{-1}(0) = \downarrow(a)$ | $x^{-1}(0) = P$ |
| 開集合の基 | $\{\phi(a) \mid a \in A\}$ | $\{\varphi(b) \mid b \in B\}$ |

### 5.1.4　Sober 空間

$X$ が位相空間のとき点 $x \in X$ に対応する $OX$ のポイントを $\psi(x)$ とする．

$$\psi : X \longrightarrow \mathrm{pt}(OX).$$

**補題 5.15**　$\psi(x)$ に対応する $OX$ の prime element は $X - \{x\}$ の開核である．

**証明**　$\psi(x)(U) = 0 \iff x \notin U$ よりあきらか．　□

**定義 5.16**　$\psi$ が全単射な写像であるとき，$X$ は sober であるという．

**命題 5.17**　$X$ が sober ならば，$\psi$ は同相である．

**証明** 連続性はすでに示した．$\psi$ による $U$ の像は $\phi(U)$ だから $\psi$ は開集合を開集合にうつす．したがって $\psi$ の逆写像も連続である． □

sober な空間は $T_0$ である．

**問 5.2** $\psi$ が単射であることと $X$ が $T_0$ であることは同値であることを示せ．

**命題 5.18** ハウスドルフ空間は sober である．

**証明** $X$ ハウスドルフとする．$U$ は $OX$ の prime element とする．仮に $X - U$ が 2 点 $x, x'$ をふくめば，$x \in V, x' \in V'$ で $V \cap V' = \varnothing$ なる開集合がある．$U$ は prime element であるので，$V \subseteq U$ または $V' \subseteq U$ であるので，矛盾．したがって $X - U$ は 1 点 $x$ からなる．したがって $\psi(x) = U$ である． □

**定理 5.19** 位相空間 $\mathrm{pt}(A)$ は sober である．

**証明** $U$ を $O(\mathrm{pt}(A))$ の prime element とする．
$$a = \vee\{b \in A \mid \phi(b) \subseteq U\}$$
とおく．$\phi(a) \subseteq U$ はあきらかであるが，$\phi(b) = U$ なる $b \in A$ が存在するので，
$$\phi(a) = U$$
である．また $a$ の定義より，$\phi(b) \subseteq \phi(a)$ ならば，$b \leq a$ である．

$a$ は $A$ の prime element である：$b \wedge c \leq a$ なら $\phi(b) \cap \phi(c) \subseteq \phi(a)$ である．$\phi(a)$ は prime element なので，$\phi(b) \subseteq \phi(a)$ または $\phi(c) \subseteq \phi(a)$ であり，$b \leq a$ または $c \leq a$ となるからである．

prime element $a$ の定めるポイントを $p$ とする．$\psi(p)$ は $\mathrm{pt}(A) - \{p\}$ の開核である．それは $\phi(b), p \notin \phi(b)$ の和集合であるが，
$$p \notin \phi(b) \iff p(b) = 0 \iff b \leq a$$
であるから，$\psi(p) = \phi(a)$ である．$\psi$ は全射である．

$p, q$ が異なるポイントならば，$p(a) \neq q(a)$ なる $a \in A$ がある．$\phi(a)$ は $p, q$ のいずれかを含まない．$\mathrm{pt}(A)$ は $T_0$ で，問 5.2 より，$\psi$ は単射である．

$\psi$ は全単射なので，$\mathrm{pt}(A)$ は sober である． □

## 5.2　Scott 位相

この節で述べる位相概念は，D.S.Scott が領域理論といわれるコンピュータ科学の基礎理論を築く際導入したものである．

### 5.2.1　Scott 位相の定義と一般的性質

**定義 5.20**　$X$ は位相空間とする．$x \leq_X y$ を $x$ が $\{y\}$ の閉包に含まれる，すなわちすべての $x$ を含む開集合が $y$ を含むことと定める．$\leq_X$ は前順序である．

**問 5.3**　$\leq_X$ が順序である (反対称律をみたす) ことと $X$ が $T_0$ であることは同値であることを示せ．

**問 5.4**　$x \leq_X y \Longrightarrow x = y$ であることは $T_1$ と同値であることを示せ．

$\leq_X$ を *specialization ordering* という．

**命題 5.21**　$X, Y$ が $T_0$ 空間で $f : X \longrightarrow Y$ が連続写像とする．そのとき，$f$ は specialization order をたもつ．

**証明**　$x \leq_X x'$ とする．$V$ は $Y$ の開集合で，$f(x) \in V$ とする．$x \in f^{-1}(V)$ だから，$x' \in f^{-1}(V)$, $f(x') \in V$ である．したがって $f(x) \leq_Y f(x')$ である．□

順序集合の部分集合 $S$ のすべての 2 元が $S$ に属する上界をもつとき，$S$ は有向集合というのであった．

**定義 5.22**　すべての有向部分集合が join をもつ順序集合を有向完備であるという．

有向集合 $S$ の join を $\sqcup S$ と表す．

**補題 5.23**　join 半束が有向完備ならば，完備である．

**証明**　$S$ を任意の部分集合とする．$T$ を $S$ の有限部分集合の join の全体とする．$T$ は有向であり，$\vee S = \sqcup T$ である．□

$X$ は有向完備な順序集合とする．

**補題 5.24** upper set $U$ で $\sqcup S \in U \implies S \cap U \neq \emptyset$ をみたすもの全体は開集合の条件をみたす.

**証明** $U, V$ がこの条件をみたすとする. $\sqcup S \in U \cap V$ とする. $\exists u \in S \cap U, \exists v \in S \cap V$ である. $S$ は有向だから, $u, v \leq w$ となる $w \in S$ が存在する. $U, V$ は upper sets だから $w \in U \cap V$ である. □

このようにして定まる位相を Scott 位相という. Scott 閉集合は lower set $F$ で有向集合 $S$ について, $S \subseteq F \implies \sqcup S \in F$ なるものである.

**例 5.25** $\downarrow(a)$ は Scott 閉集合である. その補集合 $\{x \in X \mid x \not\leq a\}$ は Scott 開集合である.

**命題 5.26** $(X, \leq)$ が有向完備な順序集合とするとき, その Scott 位相の specialization ordering は $\leq$ と一致する.

**証明** specialization ordering を $\leq'$ と書く. まず $x \leq y$ とする. Scott 開集合は upper set だから, $x$ を含めば $y$ も含む. したがって $x \leq' y$ である. 次に $x \not\leq y$ とする. Scott 開集合 $U = \{z \in X \mid z \not\leq y\}$ は, $x$ を含むが, $y$ は含まない. $x \not\leq' y$ である. □

問 5.3 とあわせると, Scott 位相は $T_0$ である. したがって命題 5.21 より, 写像 $f: X \longrightarrow Y$ が Scott 連続ならば, 順序をたもつ.

**定義 5.27** $X, Y$ は有向完備な順序集合で, 写像 $f: X \longrightarrow Y$ が有向集合 $S$ を有向集合 $\{f(s) \mid s \in S\}$ にうつし, $f(\sqcup S) = \sqcup \{f(s) \mid s \in S\}$ をみたすとき, $f$ は有向 join をたもつという.

**問 5.5** 写像が有向 join をたもつならば, 順序をたもつことを示せ.

**命題 5.28** $X, Y$ は有向完備であるとする. 写像 $f: X \longrightarrow Y$ が有向 join をたもつことと Scott 位相で連続であることは同値である.

**証明** $f$ は有向 join をたもつとする. $V$ は $Y$ の Scott 開集合とする. $f$ は順序をたもつから, $f^{-1}(V)$ も upper set である. $\sqcup S \in f^{-1}(V)$ ならば,

$$\sqcup\{f(s)\,|\,s\in S\}=f(\sqcup S)\in V.$$

したがって，$f(s)\in V$ となる $s\in S$ がある，$s\in S\cap f^{-1}(V)\neq\emptyset$ である．$f^{-1}(V)$ は Scott 開集合なので，$f$ は Scott 連続である．

逆に $f$ は Scott 連続であるとする．$S$ は $X$ の有向部分集合とする．$f$ は順序をたもつので，$\{f(s)\,|\,s\in S\}$ も有向集合である．$a=\sqcup\{f(s)\,|\,s\in S\}$ とおく．$F=\downarrow(a)$ は ($Y$ の) Scott 閉集合である．$S\subseteq f^{-1}(F)$ で $f^{-1}(F)$ は Scott 閉集合なので，$\sqcup S\in f^{-1}(F)$，すなわち

$$f(\sqcup S)\leq\sqcup\{f(s)\,|\,s\in S\}.$$

逆の包含関係は $f$ が順序をたもつことより成立するので，$f$ は有向 join をたもつ． □

### 5.2.2 ビット列の空間

0, 1 の有限または無限列 $x=x_0 x_1\cdots$ の全体を $X$ と記す．有限列の全体を $X_f$，無限列の全体を $X_\infty$ と表す．$x\in X_f$ を $x=x_0\cdots x_n$ と表すとき $n$ を $n(x)$ と書く．

$x$ が $y$ のプレフィクス (prefix) であるとは $x=y$ であるか，$x,y\in X_f$ で $n(x)\leq n(y)$ で $x_i=y_i$ ($i\leq n(x)$) であるか，$x\in X_f, y\in X_\infty$ で $x_i=y_i$ ($i\leq n(x)$) であることとする．そのとき $x\leq y$ と定めると $X$ は順序集合となる．

$S$ が有向集合ならばこの順序の $S$ への制限は全順序となる．したがって $S$ が有向であることと，$S$ は join をもち $S$ の元はそのプレフィクスであることと同値である．とくに $X$ は有向完備である．

**命題 5.29** ビット列の空間において $x\in X_f$ ならば $\uparrow(x)$ は Scott 開集合である．さらに $\{\uparrow(x)\,|\,x\in X_f\}$ は Scott 位相の基になる．

**証明** $S$ を有向集合で $\sqcup S\in\uparrow(x)$ とする．$x\leq\sqcup S$ である．すべての $s\in S$ は $\sqcup S$ のプレフィクスなので，$x\leq s$ または $s\leq x$ である．すべての $s\in S$ について，$x\not\leq s$ ならば，$s\leq x$ より，$S$ は有限集合である．いずれにしろ $x\leq s$ なる $s\in S$ が存在するので $\uparrow(x)$ は Scott 開集合である．

$U$ を Scott 開集合とし，$x\in U$ とする．$x$ が無限列ならば $x(n)$ を長さ $n+$

1 の $x$ のプレフィクスとすると，$\sqcup\{x(1), x(2), \cdots\} = x \in U$ だから，ある $n$ があって，$x(n) \in U$. したがって，$x \in \uparrow(x(n)) \subseteq U$ である． □

## 5.3 イデアルの空間

### 5.3.1 イデアルの空間の一般的性質

$P$ を順序集合とする．$\mathrm{Idl}(P)$ をそのイデアル全体とする．$\mathrm{Idl}(P)$ は包含関係 $\subseteq$ により順序集合となる．

**命題 5.30** $\mathrm{Idl}(P)$ は有向完備である．

**証明** $\mathscr{S} \subseteq \mathrm{Idl}(P)$ が有向部分集合であるとする．$\cup \mathscr{S}$ がイデアルであることを示す．この集合が lower set であることはあきらかなので，有向であることを示す．$a, b$ をその 2 元とする．$a \in I, b \in J$ となる $I, J \in \mathscr{S}$ が存在する．$\mathscr{S}$ の有向性より $K \in \mathscr{S}$ で $I \subseteq K, J \subseteq K$ なるものが存在する．$a, b \in K$ で $K$ はイデアルなので $c \in K$ で $a, b \leq c$ なるものが存在する．$\cup \mathscr{S}$ はイデアルであるので $\mathscr{S}$ の上界である．最小上界であることはあきらかである． □

$\mathscr{S}$ が $\mathrm{Idl}(P)$ の有向集合ならば，$\cup \mathscr{S}$ がその join である：
$$\sqcup \mathscr{S} = \cup \mathscr{S}.$$
また $I$ がイデアルならば
$$I = \sqcup\{\downarrow(a) \mid a \in I\}$$
であるので，任意のイデアルは部分主イデアルの有向 join と表すことができる．

$\eta(x) = \downarrow(x)$ は順序をたもつ写像 $\eta : P \longrightarrow \mathrm{Idl}(P)$ を定める．

**命題 5.31** $g : P \longrightarrow A$ は順序集合から有向完備な順序集合への順序をたもつ写像とする．そのとき Scott 連続写像 $f : \mathrm{Idl}(P) \longrightarrow A$ で $f(\eta(x)) = g(x)$ なるものが一意に定まる．

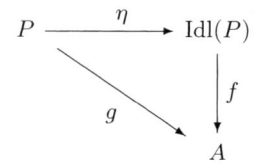

$$\begin{array}{ccc} P & \xrightarrow{\eta} & \mathrm{Idl}(P) \\ & \searrow{g} & \downarrow{f} \\ & & A \end{array}$$

**証明** $I$ がイデアルであれば,
$$I = \sqcup\{\downarrow(x) \mid x \in I\}.$$
かかる $f$ が存在すればそれは有向 join をたもつから,
$$f(I) = \sqcup\{f(\downarrow(x)) \mid x \in I\} = \sqcup\{g(x) \mid x \in I\}.$$
したがって $f$ は存在すれば一意的である.
$$f(I) = \sqcup\{g(x) \mid x \in I\}$$
で $f$ を定義する.

$V$ を $A$ の Scott 開集合とする. $f$ は順序をたもつから $f^{-1}(V)$ は upper set である. $\mathscr{S}$ を $\mathrm{Idl}(P)$ の有向集合で $\sqcup \mathscr{S} \in f^{-1}(V)$ であるとする. $I \in \mathscr{S}$ が存在して $I \in f^{-1}(V)$ となることを示す.
$$V \ni f(\sqcup \mathscr{S}) = \sqcup\{g(x) \mid x \in \sqcup \mathscr{S}\}.$$
したがって $g(s) \in V$ となる $s \in \sqcup \mathscr{S} = \cup \mathscr{S}$ が存在する. $I \in \mathscr{S}$ が存在して $s \in I$ となる. $g(s) \leq f(I)$ だから $f(I) \in V$, したがって $I \in f^{-1}(V)$ となる. $f^{-1}(U)$ は Scott 開集合であり, $f$ は Scott 連続である. $\square$

この $f : \mathrm{Idl}(P) \longrightarrow A$ を $g : P \longrightarrow A$ の拡張という.

**問 5.6** $P$ は meet 半束であるとする. $I, J$ はそのイデアルとすると
$$K = \{a \wedge b \mid a \in I, b \in J\}$$
もイデアルで $I \cap J$ に等しいことを示せ.

**補題 5.32** $P$ は meet 半束とする. $\mathrm{Idl}(P)$ は $I \wedge J = I \cap J$ で meet 半束になる. 有向集合 $\mathscr{S}$ について,
$$I \wedge \sqcup \mathscr{S} = \sqcup\{I \wedge J \mid J \in \mathscr{S}\}$$
が成立する.

**証明** 前半はあきらか. $\mathscr{S}$ が $\mathrm{Idl}(P)$ の有向集合とすると $\{I \cap J \mid J \in \mathscr{S}\}$ も有向集合で

$$I \wedge \sqcup \mathscr{S} = I \cap \bigcup_{J \in \mathscr{S}} J = \bigcup_{J \in \mathscr{S}} I \cap J = \sqcup \{I \cap J \,|\, J \in \mathscr{S}\}.$$

□

$A$ は有向完備な meet 半束とする．すべての元 $a$ と有向集合 $S$ について
$$a \wedge \sqcup S = \sqcup \{a \wedge s \,|\, s \in S\}$$
が成立するとき，$A$ は有向分配律をみたすという．Idl$(P)$ は有向分配律をみたしている．

**補題 5.33** $P$ は meet 半束とする．$A$ が有向分配律をみたす meet 半束で，$g : P \longrightarrow A$ がすべての有限 meet をたもつなら，$g$ の拡張 $f$ も有限 meet をたもつ．

**証明** $I, J$ はイデアルとする．$I \wedge J = \{a \wedge b \,|\, a \in I, b \in J\}$ だから，
$$f(I \wedge J) = \sqcup\{g(a \wedge b) \,|\, a \in I, b \in J\} = \sqcup\{g(a) \wedge g(b) \,|\, a \in I, b \in J\}$$
$$= \sqcup\{g(a) \,|\, a \in I\} \wedge \sqcup\{g(b) \,|\, b \in J\} = f(I) \wedge f(J).$$

□

**問 5.7** $P$ は join 半束であるとする．$I, J$ がイデアルとするとき，$S = \{a \vee b \,|\, a \in I, b \in J\}$ とおく．$\downarrow S$ はイデアルで $I, J$ の最小上界であることを示せ．

**補題 5.34** $P$ は join 半束であるとする．Idl$(P)$ も join 半束である．Idl$(P)$ はすべての join をもつ．

**証明** Idl$(P)$ は join 半束かつ有向完備なので，補題 5.23 により完備である．

□

**補題 5.35** $P$ は join 半束であるとする．$A$ が join 半束で，$g : P \longrightarrow A$ がすべての有限 joins をたもつなら，$g$ の拡張 $f$ も有限 joins をたもつ．

**証明** $I \vee J = \sqcup\{\downarrow(a \vee b) \,|\, a \in I, b \in J\}$ だから，
$$f(I \vee J) = \sqcup\{f(\downarrow(a \vee b)) \,|\, a \in I, b \in J\}) = \sqcup\{g(a) \vee g(b) \,|\, a \in I, b \in J\}$$

$$= \sqcup\{g(a) \mid a \in I\} \vee \sqcup\{g(b) \mid b \in J\} = f(I) \vee f(J).$$

□

**定理 5.36** $B$ が分配束ならば，$\mathrm{Idl}(B)$ はフレームである．

**証明** $\mathscr{S}$ は $\mathrm{Idl}(P)$ の有限部分集合とする．$c \in I \wedge \vee \mathscr{S}$ とする．$J \in \mathscr{S}$ について $c \leq \vee\{b_J \mid J \in \mathscr{S}\}$ となる $b_J \in J$ が存在する．

$$c = \vee\{c \wedge b_J \mid J \in \mathscr{S}\} \in \vee\{I \wedge J \mid J \in \mathscr{S}\}$$

だから $I \wedge \vee \mathscr{S} \subseteq \vee\{I \wedge J \mid J \in \mathscr{S}\}$ である．逆の包含関係はあきらかであるので，$\mathrm{Idl}(B)$ は分配束である．$\mathrm{Idl}(B)$ は有向完備であったから，完備である．

$\mathscr{S}$ を $\mathrm{Idl}(B)$ の任意の部分集合とする．$\mathscr{T}$ を $\mathscr{S}$ の有限部分集合の join の全体とする．$\mathscr{T}$ は有向であり，$\vee \mathscr{S} = \sqcup \mathscr{T}$ である．有向分配律より，

$$I \wedge \vee \mathscr{S} = I \wedge \sqcup \mathscr{T} = \sqcup\{I \wedge J \mid J \in \mathscr{T}\}.$$

$\{I \wedge J \mid J \in \mathscr{T}\}$ は有向集合 $\{I \wedge J \mid J \in \mathscr{S}\}$ の有限部分集合の join の全体と一致するので，

$$\sqcup\{I \wedge J \mid J \in \mathscr{T}\} = \vee\{I \wedge J \mid J \in \mathscr{S}\}.$$

したがって，無限分配律が成り立つ． □

**命題 5.37** $B$ は分配束で，$A$ はフレームであるとする．$g : B \longrightarrow A$ が束準同型ならば，$g$ の拡張 $f : \mathrm{Idl}(B) \longrightarrow A$ はフレーム準同型である．

**証明** $\mathscr{S}$ は $\mathrm{Idl}(B)$ の任意の部分集合とする．$\mathscr{T}$ は $\mathscr{S}$ の有限部分集合の join の全体とすると，$\vee \mathscr{S} = \sqcup \mathscr{T}$ だから

$$f(\vee \mathscr{S}) = f(\sqcup \mathscr{T}) = \sqcup\{f(I) \mid I \in \mathscr{T}\} = \vee\{f(I) \mid I \in \mathscr{S}\}.$$

□

### 5.3.2 コンパクト元

**定義 5.38** 有向完備な順序集合の元 $a$ は有向集合 $S$ について $\sqcup S \geq a$ ならば，$s \geq a$ なる $s \in S$ があるとき，コンパクト元であるという．

**注意** $a$ がコンパクト元であることは，$\uparrow(a)$ が Scott 開集合であることに他ならない．

**例 5.39** ビット列の空間においてはコンパクト元は有限列と一致する．

**補題 5.40** 完備な束 $A$ において，$a$ がコンパクト元であることと次のいずれかの条件が成立することは同値である．
 (i) $\vee S \geq a$ ならば有限な $F \subseteq S$ で $\vee F \geq a$ なるものが存在する．
 (ii) イデアル $I$ について，$\vee I \geq a$ なら $a \in I$ となる．

**証明** $a$ がコンパクト元であるとし (i) を示す．$\vee S \geq a$ とする．$S$ の有限部分集合の join の全体を $D$ とおく．$D$ は有向集合で，$\sqcup D = \vee S \geq a$ である．$d \in D$ で $d \geq a$ なるものが存在する．

 (i) を仮定し，(ii) を示す．イデアル $I$ について，$\vee I \geq a$ とする．$\vee F \geq a$ となる $I$ の有限部分集合 $F$ が存在する．$\vee F \in I$ だから，$a \in I$ である．

 (ii) を仮定し，コンパクト元であることを示す．$S$ が有向集合で $\sqcup S \geq a$ であるとする．$I = \downarrow S$ はイデアルであり，$\vee I = \sqcup S \geq a$ だから，$a \in I$. すなわち，$a \in \downarrow(s)$ となる $s \in S$ がある．$a$ はコンパクト元である． □

**系** $X$ を位相空間とする．$OX$ のコンパクト元は $X$ のコンパクト開集合と一致する．

**命題 5.41** 順序集合 $P$ のイデアルが主イデアルであることと $\mathrm{Idl}(P)$ のコンパクト元であることは同値である．

**証明** $\mathrm{Idl}(P)$ において $\downarrow(a) \leq \sqcup \mathscr{S} = \cup \mathscr{S}$ とすると，$a \in I$ となる $I \in \mathscr{S}$ がある．$\downarrow(a) \subseteq I$ であるから $\downarrow(a)$ はコンパクト元である．

 逆にイデアル $I$ がコンパクト元である，すなわち $\uparrow(I)$ が Scott 開集合であるとする．$I = \sqcup\{\downarrow(a) | a \in I\}$ とあらわされるから，$\sqcup\{\downarrow(a) | a \in I\} \in \uparrow(I)$. したがって，$\downarrow(a) \in \uparrow(I)$ となる $a \in I$ がある．$\downarrow(a) \supseteq I$ である．逆の包含関係はあきらかだから，$I = \downarrow(a)$ である． □

したがって $B$ を分配束とするとき $\mathrm{Idl}(B)$ のコンパクト元の全体は部分束をなし $\eta : B \longrightarrow \mathrm{Idl}(B)$ により $B$ と同型である．

### 5.3.3 コヒーレント・フレーム

$A$ はフレーム，$K = K(A)$ はそのコンパクト元の全体とする．

**問 5.8** $K(A)$ は $A$ の部分 join 半束であることを示せ．

**定義 5.42** $A$ がフレーム，そのコンパクト元の全体 $K$ が $A$ の部分束で (したがって分配束で) $A$ の任意の元 $a$ はコンパクト元からなる集合の join として表されるとき，フレーム $A$ はコヒーレント (coherent) であるという．

$B$ が分配束ならば，$\mathrm{Idl}(B)$ はコヒーレントである．

**命題 5.43** フレーム $A$ がコヒーレントならば $\mathrm{Idl}(K(A))$ と同型である．

**証明** $K = K(A)$ は分配束である．$K(a) = \{x \in K \mid x \leq a\}$ は $K$ のイデアルである．$\phi : A \longrightarrow \mathrm{Idl}(K)$ が $\phi(a) = K(a)$ で定義される．$a = \vee K(a)$ であるから単射である．$I$ が $K$ のイデアルならば，$a = \vee I$ とおくと補題 5.40 より $I = K(a)$ であるので全射でもある．

$\phi$ の逆写像は $\mathrm{id} : K \longrightarrow A$ の拡張であり，命題 5.37 よりフレーム準同型である．したがってフレーム同型である． □

$X$ が位相空間の場合には $OX$ のコンパクト元はコンパクト開集合と一致する．フレーム $OX$ がコヒーレントであることは，コンパクト開集合の全体 $K(OX)$ が $OX$ の部分束でかつ開集合の基をなすことである．

**定義 5.44** 位相空間 $X$ が sober で，$OX$ がコヒーレントなるとき，$X$ はコヒーレント空間であるという．

Stone 空間はあきらかにコヒーレントである．

ハウスドルフでないコヒーレント空間の重要な例としてビット列の空間がある．そこでは $\{\uparrow(s) \mid s \in X_f\}$ が Scott 位相の基をなしていた．その間には

$$\uparrow(s) \cap \uparrow(t) = \begin{cases} \uparrow(t) & (\text{for } s \leq t) \\ \uparrow(s) & (\text{for } t \leq s) \\ \varnothing & (\text{otherwise}) \end{cases}$$

の関係がある．

**補題 5.45** ビット列の空間 $X$ のコンパクト開集合は $X_f$ の有限部分集合 $S$ により，$\uparrow S$ と表される集合と一致する．

**証明** $S$ は $X$ の有限部分集合として，$\uparrow S \subseteq \cup \mathscr{U}$ は開被覆であるとする．$s \in S$ について $s \in U_s$ なる $U_s \in \mathscr{U}$ が存在する．$\uparrow(s) \subseteq U_s$ だから有限部分被覆がとれた．

逆に $U$ はコンパクト開集合であるとする．$\{\uparrow(s) \mid s \in X_f\}$ は開集合の基であるので，$U = \bigcup_{s \in S} \uparrow(s)$ となる $S \subseteq X_f$ がある．$U$ はコンパクトであるので，有限部分集合 $S_0$ が存在して $U = \bigcup_{s \in S_0} \uparrow(s) = \uparrow S_0$ となる．　□

**系** $X$ がビット列の空間であるとき，フレーム $OX$ はコヒーレントである．

**定理 5.46** ビット列の空間 $X$ はコヒーレントである．

**証明** フレーム $OX$ はコヒーレントなので，$X$ が sober であること，すなわち $X$ の点に $OX$ のポイントを対応させる $\psi$ が全単射であることを言えばよい．$X$ は $T_0$ であるので $\psi$ は単射である．

$p$ は $OX$ のポイントとする．$S = \{t \in X_f \mid p(\uparrow(t)) = 1\}$ とおく．$s, t \in S$ ならば $p(\uparrow(s) \cap \uparrow(t)) = p(\uparrow(s)) \wedge p(\uparrow(t)) = 1$ だから，$\uparrow(s) \cap \uparrow(t) \neq \varnothing$ であるから $s \leq t$ または $t \leq s$ である．$S$ は最大元 $s \in X_f$ をもつか join $s \in X_\infty$ をもつ．

$\psi(s) = p$ であることを，すべての $U \in OX$ について $s \in U \iff p(U) = 1$ を示すことによりいう．

$U$ を開集合とする．$p(U) = 1$ ならば $t \in X_f$ で $\uparrow(t) \subseteq U$ かつ $p(\uparrow(t)) = 1$ なるものがある．$t \leq s$ だから，$s \in \uparrow(t) \subseteq U$ である．

逆に $s \in U$ とする．ある $t \in X_f$ があり，$s \in \uparrow(t) \subseteq U$ となる．$t \leq s$ であるから $p(\uparrow(t)) = 1$．したがって $p(U) = 1$ である．　□

#### 5.3.4 分配束のスペクトル

分配束 $B$ に対して，$\mathrm{Idl}(B)$ はフレームである．したがってそのポイントは $\mathrm{Idl}(B)$ の主素イデアルに対応する．それは次のように $B$ の素イデアルに対応している．

**補題 5.47** $\downarrow(I)$ が $\mathrm{Idl}(B)$ の素イデアルであることと $I$ が $B$ の素イデアルであることは同値である．

**証明** $\downarrow(I)$ が $\mathrm{Idl}(B)$ の素イデアルであることは，$I$ が prime element，すなわち $I \neq B$ で，
$$J \cap K \subseteq I \Longrightarrow J \subseteq I \text{ または } K \subseteq I$$
が成り立つことと同値である．

$I$ が $\mathrm{Idl}(B)$ の prime element であるとする．$1 \notin I$ である．$a \wedge b \in I$ とすると $\downarrow(a) \cap \downarrow(b) \subseteq I$ だから，$\downarrow(a) \subseteq I$ または $\downarrow(b) \subseteq I$ であるので，$a \in I$ または $b \in I$，したがって $I$ は $B$ の素イデアルである．

逆に $I$ は $B$ の素イデアルであるとする．$I \neq B$ である．$J, K$ はイデアルで $J \cap K \subseteq I$ とする．$J \not\subseteq I$，すなわち $\exists a \in J - I$ とする．$b \in K$ なら $a \wedge b \in J \cap K \subseteq I$ である．$a \notin I$ なので $b \in I$ となる．ゆえに $K \subseteq I$ である．$I$ は $\mathrm{Idl}(B)$ の prime element である． □

この同一視によりポイントを $B$ の素イデアル $P$ とみなすと
$$P \in \phi(I) \Longleftrightarrow I \notin \downarrow(P) \Longleftrightarrow I \not\subseteq P$$
となる．

**定理 5.48** フレーム $\mathrm{Idl}(B)$ は spatial である，すなわち $\phi : \mathrm{Idl}(B) \longrightarrow O(\mathrm{pt}(\mathrm{Idl}(B)))$ はフレーム同型である．

**証明** 示す必要のあることは $\phi$ が単射であることである．イデアル $I \neq J$ について $\phi(I) \neq \phi(J)$ を示す．$I \not\subseteq J$ または $J \not\subseteq I$ なので，最初の場合を考える．$b \in I - J$ とする．イデアル $J$ とフィルター $\uparrow(b)$ に素イデアル定理 1.56 をもちいると，素イデアル $P$ で，$J \subseteq P$, $P \cap \uparrow(b) = \varnothing$ なるものが存在する．$b \notin P$ だから $I \not\subseteq P$ である．$P \in \phi(I)$ であるが，$P \in \phi(J)$ ではない． □

**定義 5.49** $B$ を分配束とするとき，$\mathrm{spec}(B)$ で束準同型 $x : B \longrightarrow \mathbf{2}$ の全体を表す．
$$\varphi(b) = \{x \in \mathrm{spec}(B) \mid x(b) = 1\}$$

とおき $\{\varphi(b) \mid b \in B\}$ を開集合の基とする位相を定義する．それを $B$ のスペクトルという．

フレーム $A = \mathrm{Idl}(B)$ のポイント $p$ は prime element ($B$ の素イデアル) $P$ と $p^{-1}(0) = \downarrow(P)$ で対応していた．一方素イデアル $P$ は $2$ への束準同型 $x : B \longrightarrow 2$ と $x^{-1}(0) = P$ で対応している．したがって $\mathrm{pt}(A)$ と $\mathrm{spec}(B)$ の同一視が得られる．

$\mathrm{pt}(A)$ の開集合はイデアル $I$ について，$\phi(I) = \{p \in \mathrm{pt}(A) \mid p(I) = 1\}$ なるものであった．$\{\phi(\downarrow(b)) \mid b \in B\}$ はコンパクト開集合の全体と一致し，開集合の基をなす．

**定理 5.50** $B$ を分配束, $A = \mathrm{Idl}(B)$ とするとき，$B$ の素イデアル $P$ を通して定義される写像 $p \longmapsto x$ により $\mathrm{pt}(A)$ は $\mathrm{spec}(B)$ と同相である．

**証明** $p \longmapsto x$ は $\phi(\downarrow(b))$ を $\varphi(b)$ にうつす：

$$p(\downarrow(b)) = 1 \iff \downarrow(b) \not\subseteq P \iff b \notin P \iff x(b) = 1.$$

したがって位相空間の同相が得られる． □

| 空間 | $\mathrm{pt}(\mathrm{Idl}(B))$ | $\mathrm{spec}(B)$ |
|---|---|---|
| 点 | $p : \mathrm{Idl}(B) \longrightarrow 2$ | $x : B \longrightarrow 2$ |
| 核 | $p^{-1}(0) = \downarrow(P)$ | $x^{-1}(0) = P$ |
| コンパクト開集合 | $\phi(\downarrow(b))$ | $\varphi(b)$ |

**系** フレーム $A$ がコヒーレントならば $\mathrm{pt}(A)$ は $\mathrm{spec}(K(A))$ と同相である．

**定理 5.51** $B$ を分配束，$X = \mathrm{spec}(B)$ とする．$\varphi : B \longrightarrow K(OX)$ は束同型である．

**証明** $\varphi$ が束準同型であること，全射であることはあきらか．単射であることを示すために $\varphi(b) = \varphi(c)$ とする．$\phi(\downarrow(b)) = \phi(\downarrow(c))$ となり，$\mathrm{Idl}(B)$ は spatial であるから $\downarrow(b) = \downarrow(c)$ である．したがって $b = c$ である． □

**定理 5.52** 位相空間 $X$ がある分配束のスペクトルになる条件は，それがコヒーレント空間であることである．

**証明** $X$ が分配束 $B$ のスペクトルであるとする．$X$ は $\mathrm{pt}(\mathrm{Idl}(B))$ に同相なので sober である．定理 5.48 より $OX$ はフレーム $\mathrm{Idl}(B)$ と同型なのでコヒーレントである．

逆に $X$ はコヒーレント空間であるとする．sober であることより $X$ は $\mathrm{pt}(OX)$ と同相である．$OX$ はコヒーレントであるから，$\mathrm{pt}(OX) = \mathrm{spec}(K(OX))$ である．したがって $X$ は分配束 $K(OX)$ のスペクトルである． □

**命題 5.53** 分配束 $B$ のスペクトルがハウスドルフであることは，$B$ がブール代数であることと同値である．

**証明** $B$ がブール代数であるとする．$x, y \in \mathrm{spec}(B)$ で $x \neq y$ とする．$b \in B$ で $x(b) \neq y(b)$ なるものが存在する．たとえば，$x(b) = 1$ かつ $y(b) = 0$ とする．$x \in \varphi(b)$ かつ $y \in \varphi(\neg b)$ で
$$\varphi(b) \cap \varphi(\neg b) = \varphi(b \wedge \neg b) = \varphi(0) = \varnothing$$
である．

逆にスペクトルがハウスドルフであるとすると $K(OX) = \mathrm{clop}(X)$ である．定理 5.51 より，$B$ はブール代数 $\mathrm{clop}(X)$ と同型になる． □

## 5.4 文献ノート

ブール代数の表現定理の発展として考えられる数学を広く体系化して述べたのは

- P.T.Johnstone, *Stone Spaces*, Cambridge University Press, 1982

である．とくに点のない位相空間であるロカールの概念と方法はこの書で強調され，トポス理論や領域理論に大きな影響を与えた．フレームとロカールは個別的にはおなじであるが，それらのなすカテゴリーとしては双対である．

- S.Vickers, *Topology Via Logic*, Cambridge University Press, 1989

は題名から内容を推測するのは困難であるがロカールに基づいた領域理論である.

　領域は D.S.Scott がプログラムの意味をあたえるものとして導入した概念である．本書ではビット列の空間，Scott 位相，コヒーレント空間など領域理論の基礎概念は説明を与えた．しかし領域理論そのものは本書の範囲外であるので，興味をもつ読者は Vickers の本などを参照されたい．

# 第 6 章

# カテゴリー

Stone の表現定理はカテゴリーの枠組みであつかうことが自然である．またカテゴリーの中心概念であるアジョイントの例としても適切である．ここではアジョイント の一般概念とその例としての Stone の双対性に焦点をしぼって述べる．カテゴリー入門で当然あつかわれる諸項目も直接必要でないものには触れない．

## 6.1 カテゴリーの基礎概念

**グラフ** 集合 $\mathscr{O}, \mathscr{A}$ と写像 $\mathrm{dom} : \mathscr{A} \longrightarrow \mathscr{O}$, $\mathrm{cod} : \mathscr{A} \longrightarrow \mathscr{O}$ の組をグラフという．$\mathscr{O}$ の要素をオブジェクト (object) または対象といい $A, B, C, \cdots$ などの記号で表す．$\mathscr{A}$ の要素をアロー (arrow) または射といい，$f, g, h, \cdots$ などの記号で表す．

$A = \mathrm{dom}(f), B = \mathrm{cod}(f)$ であることを

$$f : A \longrightarrow B \quad \text{または} \quad A \xrightarrow{f} B$$

と表す．$A, B$ をアロー $f$ の始点，終点という．付加条件のついたグラフであるカテゴリーでは，アローは写像であることが多いので，$A, B$ をそれぞれドメイン (domain)，コドメイン (codomain) という．dom, cod はそれに由来する．

グラフを表す組 $\langle \mathscr{O}, \mathscr{A}, \mathrm{dom}, \mathrm{cod} \rangle$ を $\boldsymbol{G}$ と記したとき，$\mathscr{O} = \mathscr{O}(\boldsymbol{G})$, $\mathscr{A} = \mathscr{A}(\boldsymbol{G})$ のように表すことがある．

**カテゴリー** アロー $f : A \longrightarrow B, g : B \longrightarrow C$ に対して，$f, g$ の合成 (composition) とよばれるアロー $g \circ f : A \longrightarrow C$ が存在し，次の条件が成立するときカテゴリーという．

(i) 結合律
$$(f \circ g) \circ h = f \circ (g \circ h).$$

(ii) 各オブジェクト $A$ に対してアロー $1_A : A \longrightarrow A$ が定まり，$f : A \longrightarrow B$ について
$$1_B \circ f = f, \quad f \circ 1_A = f$$
が成立する．
$$\mathrm{Hom}(A, B) = \{f \in \mathscr{A} : \mathrm{dom}(f) = A, \mathrm{cod}(f) = B\}$$

とおく．Hom は homomorphism の略である．カテゴリーは $\mathscr{O}$ と各 $A, B \in \mathscr{O}$ について $\mathrm{Hom}(A, B)$ を与えることにより記述できる．$A$ がカテゴリー $\boldsymbol{C}$ のオブジェクトであることを $A \in \boldsymbol{C}$ と表すこともある．

**モノイド** $\mathscr{O}$ が 1 点集合 $\{*\}$ であるカテゴリーを考える．$M = \mathscr{A}$ とおき，$e = 1_*$，$m, m' \in M$ について $mm' = m \circ m'$ とおくと，$me = em, (mm')m'' = m(m'm'')$ が成立し，$M$ は単位元をもつ半群，モノイドである．この場合カテゴリー自身をもモノイドという．

**例 6.1** カテゴリー **Sets** は $\mathscr{O}$ は集合の全体，$\mathrm{Hom}(A, B)$ は集合 $A$ から集合 $B$ への写像の全体である．

**例 6.2** カテゴリー **Spaces** は $\mathscr{O}$ は位相空間の全体，$\mathrm{Hom}(A, B)$ は $A$ から $B$ への連続写像の全体である．

**例 6.3** カテゴリー **Sob, Stone** は $\mathscr{O}$ はそれぞれ sober 空間の全体，ストーン空間の全体で，$\mathrm{Hom}(A, B)$ は $A$ から $B$ への連続写像の全体である．

**例 6.4** カテゴリー **Boole** は $\mathscr{O}$ はブール代数の全体，$\mathrm{Hom}(A, B)$ は $A$ から $B$ へのブール準同型の全体である．

**例 6.5** カテゴリー **DLat** は $\mathscr{O}$ は分配束の全体，$\mathrm{Hom}(A, B)$ は $A$ から $B$ への束準同型の全体である．

**例 6.6** カテゴリー **Frames** は $\mathscr{O}$ はフレームの全体，$\mathrm{Hom}(A, B)$ は $A$ から

$B$ へのフレーム準同型の全体である．

**注意** $\mathscr{O}, \mathscr{A}$ は集合とは限らず，一般にはクラスになる．$\mathscr{O}, \mathscr{A}$ が集合と仮定する場合，カテゴリーは small であるという．その仮定をおかずに，$\mathrm{Hom}(A, B)$ は集合であると仮定する場合 locally small であるという．locally small であることはいつも仮定する．

アローは次の例が示すように写像とは限らない．

**例 6.7** $(P, \leq)$ を順序集合とする．$\mathscr{O} = P$ とする．$p \leq q$ に対して 1 つのアロー $f_{p,q} : p \longrightarrow q$ があるものとし，他の $p, q$ の組に対してはアローは存在しないものとする．$f_{p,p} = 1_p$ であり，$\mathscr{A} = \{f_{p,q} | p \leq q\}$ がカテゴリーの条件をみたす．$f_{p,q}$ を単に $p \to q$ と表すこともある．

**定義 6.8** アロー $f : A \longrightarrow B$ はアロー $g : B \longrightarrow A$ が存在して $f \circ g = 1_B, g \circ f = 1_A$ が成立するとき，同型であるという．そのとき $g$ は一意的に定まり $f$ の逆であるという．$f : A \xrightarrow{\sim} B$ と記す．同型なアロー $f : A \longrightarrow B$ が存在するとき，オブジェクト $A$ は $B$ に同型であるといい，$A \cong B$ と記す．

カテゴリー **Sets** において，同型なアローは全単射であり，オブジェクトの同型は集合の同型である．カテゴリー **Spaces** において同型なアローは同相写像であり，オブジェクトの同型は位相空間の同相である．順序集合においては同型な元は相等しい．

**群** モノイドにおいてアローがすべて同型であるならば $M$ は群である．

**グラフの準同型** $C, D$ はグラフであるとする．写像の組 $F_O : \mathscr{O}(C) \longrightarrow \mathscr{O}(D)$ と $F_A : \mathscr{A}(C) \longrightarrow \mathscr{A}(D)$ が

$$F_O(\mathrm{dom}(f)) = \mathrm{dom}(F_A f), \quad F_O(\mathrm{cod}(f)) = \mathrm{cod}(F_A f)$$

をみたせば，グラフの準同型であるという．この条件は $f : C \longrightarrow D$ なら $F_A f : F_O C \longrightarrow F_O D$ であることである．写像の組 $F$ が準同型であることを $F : C \longrightarrow D$ のようにあらわす．$F_O, F_A$ を単に $F$ と書く．

**図式** グラフ $G$ からカテゴリー $C$ へのグラフとしての準同型を $C$ の図式 (diagram) という.

グラフ $G$ の道 (path) とは, $f_1, \cdots, f_n \in \mathscr{A}(G)$ で, $\mathrm{cod}(f_j) = \mathrm{dom}(f_{j+1})$ ($j = 1, \cdots, n-1$) が成り立つものとする. $\mathrm{dom}(f_1), \mathrm{cod}(f_n)$ をこの道の始点, 終点という.

カテゴリーの図式が $F : G \longrightarrow C$ で与えられたとする. 道 $f_1, \cdots, f_n \in \mathscr{A}(G)$ には $C$ のアロー $F_A(f_n) \circ \cdots \circ F_A(f_1)$ を対応させる.

$A$ を始点, $B$ を終点とするすべての $G$ の道について, 対応する $C$ のアローが等しいとき, この図式は可換であるという.

**部分グラフ** $G$ はグラフであるとする. $\mathscr{O}$ は $\mathscr{O}(G)$ の部分集合, $\mathscr{A}$ は $\mathscr{A}(G)$ の部分集合とする. $f \in \mathscr{A}$ のとき, $\mathrm{dom}(f), \mathrm{cod}(f) \in \mathscr{O}$ なるとき, 組 $\mathscr{O}, \mathscr{A}$ はグラフになる. そのグラフ $G'$ を $G$ の部分グラフという. $\mathrm{id}_{G', G}$ でこの埋め込みの定める準同型をあらわす.

**部分カテゴリー** $C$ はカテゴリーとする. $\mathscr{O} \subseteq \mathscr{O}(C), \mathscr{A} \subseteq \mathscr{A}(C)$ で, $\mathscr{O}, \mathscr{A}$ が部分グラフで, $A \in \mathscr{O} \Longrightarrow 1_A \in \mathscr{A}$ かつ $f, g \in \mathscr{A}, \mathrm{dom}(f) = \mathrm{cod}(g) \Longrightarrow f \circ g \in \mathscr{A}$ をみたすとき, $\mathscr{O}, \mathscr{A}$ はカテゴリーになる. これを $C$ の部分カテゴリーであるという.

**Stone**, **Sob** は **Spaces** の部分カテゴリーである.

## 6.2 ファンクター

カテゴリー $C$ からカテゴリー $D$ へのグラフとしての準同型で付加条件をみたすものがファンクターである.

**定義 6.9** カテゴリー $C$ からカテゴリー $D$ へのファンクター (functor) $F : C \longrightarrow D$ は次の条件をみたすものである.

(i) $f : A \longrightarrow B$ なら $Ff : FA \longrightarrow FB$ である.
(ii) $F 1_A = 1_{FA}$.
(iii) $F(g \circ f) = Fg \circ Ff$.

$C$ をカテゴリーとすると,そのオブジェクト $A$ に対して $FA = A$, アロー $f$ に対して $Ff = f$ とおくとファンクターになる.それを $1_C$ で表す.同様に $D$ は $C$ の部分カテゴリーであるとすると $\mathrm{id}_{D,C} : D \longrightarrow C$ はファンクターである.

$P, P'$ を順序集合とする.$f : P \longrightarrow P'$ が順序をたもてば,$P, P'$ をカテゴリーとみなしたときファンクターになる.

$M$ をモノイド,$F : M \longrightarrow \mathbf{Sets}$ はファンクターとする.$F(*) = X \in \mathbf{Sets}$ とおくと,$f \in \mathscr{A}$ について $F(f) : X \longrightarrow X$ である.すなわちファンクターはモノイドの集合 $X$ への作用に対応する.モノイドが群のときは群の作用である.

**ファンクターの合成** $F : C \longrightarrow D, G : D \longrightarrow E$ がファンクターであるとする.そのとき,$C$ のオブジェクト $A$ に $E$ のオブジェクト $G(FA)$,$C$ のアロー $f : A \longrightarrow B$ に $E$ のアロー $G(Ff) : G(FA) \longrightarrow G(FB)$ を対応させると $C$ から $E$ へのファンクターが得られる.それを $G \circ F$ と記し,$F, G$ の合成という.

**定義 6.10** ファンクター $F : C \longrightarrow D$ が

(i) すべての $A, B \in \mathscr{O}(C)$ と,$f, g : A \longrightarrow B$ について,$Ff = Fg$ なら $f = g$ となるとき,faithful であるという.

(ii) すべての $A, B \in \mathscr{O}(C)$ について,$g : FA \longrightarrow FB$ ならば $Ff = g$ となる $f : A \longrightarrow B$ が存在するとき full であるという.

$D$ が $C$ の部分カテゴリーで,$\mathrm{id}_{D,C} : D \longrightarrow C$ が full であるとき,$D$ は $C$ の full 部分カテゴリーであるという.この場合 $\mathscr{O}(D) \subseteq \mathscr{O}(C)$ を指定すれば,アローは $A, B \in \mathscr{O}(D)$ について $\mathrm{Hom}_D(A, B) = \mathrm{Hom}_C(A, B)$ と自動的に定まる.

カテゴリー **Sob**, **Stone** は **Spaces** の full 部分カテゴリーである.

**定義 6.11** カテゴリー $C$ からカテゴリー $D$ への反変ファンクター $F : C \longrightarrow D$ とは,写像 $F : \mathscr{O}(C) \longrightarrow \mathscr{O}(D)$ と $F : \mathscr{A}(C) \longrightarrow \mathscr{A}(D)$ の組で次の条件をみたすものである.

(i) $f : A \longrightarrow B$ なら $Ff : FB \longrightarrow FA$ である.

(ii) $F1_A = 1_{FA}$.

(iii) $F(f \circ g) = Fg \circ Ff$.

位相空間のカテゴリーから束のカテゴリーへの反変ファンクターとして次のものがある．

- $O:\mathbf{Spaces} \longrightarrow \mathbf{Frames}.$ $OX$ は $X$ の開集合全体のなすフレームである．$f:X \longrightarrow Y$ in $\mathbf{Spaces}$ のとき，$U \in OY$ に対して，その逆像 $f^{-1}(U) \in OX$ である．$Of = f^{-1} : OY \longrightarrow OX$ とおくと，$O:\mathbf{Spaces} \longrightarrow \mathbf{Frames}$ は反変ファンクターである．$x \in X$ を $x:1 \longrightarrow X$ とみなすと $O(x)$ は $OX$ のポイント $\psi(x)$ に他ならない．

- $\mathrm{clop}:\mathbf{Stone} \longrightarrow \mathbf{Boole}.$ $X$ をストーン空間とするとき，$\mathrm{clop}(X)$ は $X$ の開閉集合のなすブール代数とする．$f:X \longrightarrow Y$ in $\mathbf{Stone}$ のとき，$\mathrm{clop}(f):\mathrm{clop}(Y) \longrightarrow \mathrm{clop}(X)$ を $Y$ の開閉集合 $U$ に対して $\mathrm{clop}(f)(U) = f^{-1}(U)$ と定義すると，clop は反変ファンクターである．

束のカテゴリーから位相空間のカテゴリーへの反変ファンクターとして次のものがある．

- $\mathrm{pt}:\mathbf{Frames} \longrightarrow \mathbf{Spaces}.$ $A$ がフレームのとき，$\mathrm{pt}(A)$ はフレーム準同型 $p:A \longrightarrow 2$ の全体である．$f:A \longrightarrow B$ in $\mathbf{Frames}$ のとき，$\mathrm{pt}(f):\mathrm{pt}(B) \longrightarrow \mathrm{pt}(A)$ を $p:B \longrightarrow 2$ に対し $\mathrm{pt}(f)(p) = p \circ f$ と定義すると，pt は反変ファンクターである．

- $\mathrm{spec}:\mathbf{Boole} \longrightarrow \mathbf{Stone}.$ $A$ がブール代数のとき，$\mathrm{spec}(A)$ はブール準同型 $p:A \longrightarrow 2$ の全体である．$f:A \longrightarrow B$ in $\mathbf{Boole}$ のとき，$\mathrm{spec}(f):\mathrm{spec}(B) \longrightarrow \mathrm{spec}(A)$ を $p:B \longrightarrow 2$ に対し $\mathrm{spec}(f)(p) = p \circ f$ と定義すると，spec は反変ファンクターである．

**opposite category** $C$ がカテゴリーのときその opposite $C^{\mathrm{op}}$ を $\mathscr{O}(C^{\mathrm{op}}) = \mathscr{O}(C)$, $\mathscr{A}(C^{\mathrm{op}}) = \{B \xrightarrow{f^{\mathrm{op}}} A \mid A \xrightarrow{f} B \in \mathscr{A}(C)\}$

$$f^{\mathrm{op}} \circ g^{\mathrm{op}} = (g \circ f)^{\mathrm{op}}$$

で定める．

順序集合の opposite はカテゴリーとしての opposite である．

$F:C \longrightarrow D$ が反変ファンクターならば，$F'(f) = F(f^{\mathrm{op}})$, $F''(f) = F(f)^{\mathrm{op}}$ とおくことにより，ファンクター $F':C^{\mathrm{op}} \longrightarrow D$ または $F'':C \longrightarrow D^{\mathrm{op}}$ を対

応させることができる．

反変ファンクター $O$, pt, clop, spec を次のように定義しなおしてファンクターを得る．

反変ファンクター $O : \mathbf{Spaces} \longrightarrow \mathbf{Frames}$ から $F$ を，オブジェクトに対しては $O$ とおなじ，$Ff = (f^{-1})^{\mathrm{op}}$ と定義するとファンクター $F : \mathbf{Spaces} \longrightarrow \mathbf{Frames}^{\mathrm{op}}$ が得られる．これをまた $O$ と表す．

反変ファンクター pt $: \mathbf{Frames} \longrightarrow \mathbf{Spaces}$ から $G$ を，オブジェクトについては pt とおなじ，$\mathbf{Frames}^{\mathrm{op}}$ のアロー $f : A \longrightarrow B$ と $p : A \longrightarrow 2$ に対して $Gf(p) = p \circ f^{\mathrm{op}}$ とおくとファンクター $G : \mathbf{Frames}^{\mathrm{op}} \longrightarrow \mathbf{Spaces}$ が得られる．それをまた pt と表す．

反変ファンクター clop $: \mathbf{Stone} \longrightarrow \mathbf{Boole}$ から $F$ を，オブジェクトに対しては clop とおなじ，$Ff = (f^{-1})^{\mathrm{op}}$ と定義するとファンクター $F : \mathbf{Stone} \longrightarrow \mathbf{Boole}^{\mathrm{op}}$ が得られる．これをまた clop と表す．

反変ファンクター spec $: \mathbf{Boole} \longrightarrow \mathbf{Spaces}$ から $G$ を，オブジェクトについては spec とおなじ，$\mathbf{Boole}^{\mathrm{op}}$ のアロー $f : A \longrightarrow B$ と $p : A \longrightarrow 2$ に対して $Gf(p) = p \circ f^{\mathrm{op}}$ とおくとファンクター $G : \mathbf{Boole}^{\mathrm{op}} \longrightarrow \mathbf{Spaces}$ が得られる．それをまた spec と表す．

## 6.3 自然変換

$F, G : C \longrightarrow D$ はファンクターであるとする．

**定義 6.12** $C$ のオブジェクト $A$ ごとに定まる $D$ のアロー $\nu_A : FA \longrightarrow GA$ で，すべての $f : A \longrightarrow A'$ に対し，図式

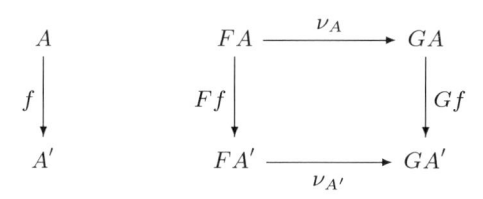

$$\begin{array}{ccc} A & FA \xrightarrow{\nu_A} GA \\ {\scriptstyle f}\downarrow & {\scriptstyle Ff}\downarrow \quad \downarrow{\scriptstyle Gf} \\ A' & FA' \xrightarrow[\nu_{A'}]{} GA' \end{array}$$

が可換になるとき，そのアローの族を $F$ から $G$ への自然変換という．自然変換を $\nu : F \longrightarrow G$ と記し，各 $\nu_A$ をその成分という．

自然変換の成分が同型であるとき，自然同型であるという．自然同型 $\nu : F \longrightarrow G$ が存在するとき，$F \cong G$ と書く．

$\nu : F \longrightarrow G, \varphi : G \longrightarrow H$ が自然変換とするとき，成分 $\varphi_A \circ \nu_A$ で定まる自然変換を $\varphi \circ \nu$ と記し自然変換の合成であるという：

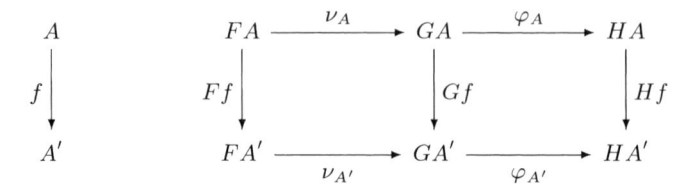

$$\begin{array}{ccccccc} A & & FA & \xrightarrow{\nu_A} & GA & \xrightarrow{\varphi_A} & HA \\ \downarrow f & & \downarrow Ff & & \downarrow Gf & & \downarrow Hf \\ A' & & FA' & \xrightarrow{\nu_{A'}} & GA' & \xrightarrow{\varphi_{A'}} & HA' \end{array}$$

$M$ をモノイド，$F, G : M \longrightarrow \mathbf{Sets}$ はファンクターとする．$F(*) = X, G(*) = Y \in \mathbf{Sets}$ とおく．$\nu : F \longrightarrow G$ を自然変換とし，$\nu_* = \nu : X \longrightarrow Y$ とおくと，すべての $f \in \mathscr{A}$ について，図式

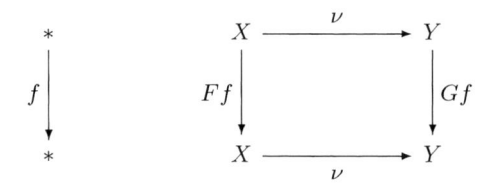

$$\begin{array}{ccccc} * & & X & \xrightarrow{\nu} & Y \\ \downarrow f & & \downarrow Ff & & \downarrow Gf \\ * & & X & \xrightarrow{\nu} & Y \end{array}$$

は可換になる．$\nu$ はモノイドの集合 $X, Y$ への作用 $Ff, Gf$ と可換な写像である．

## 6.4　アジョイント

### 6.4.1　ユニバーサル・アロー

$\boldsymbol{C}, \boldsymbol{X}$ はカテゴリー，$F : \boldsymbol{X} \longrightarrow \boldsymbol{C}$ はファンクター，$A$ は $\boldsymbol{C}$ のオブジェクトとする．$\boldsymbol{X}$ のオブジェクト $Y$ と $\boldsymbol{C}$ のアロー $\varepsilon : FY \longrightarrow A$ の組が $F$ から $A$ へのユニバーサル・アローであるとは，次の条件の成立することをいう：任意の $\boldsymbol{X}$ のオブジェクト $X$ と $\boldsymbol{C}$ のアロー $f : FX \longrightarrow A$ に対して図式

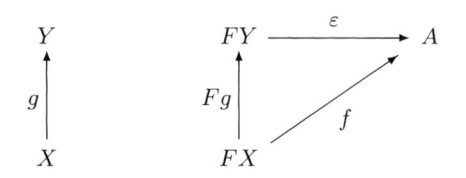

$$\begin{array}{ccc} Y & & FY \xrightarrow{\varepsilon} A \\ \uparrow g & & \uparrow Fg \nearrow f \\ X & & FX \end{array}$$

が可換になる，すなわち $f = \varepsilon \circ Fg$ が成立する一意的なアロー $g : X \longrightarrow Y$ が存在する．

**補題 6.13** $\varepsilon : FY \longrightarrow A$ は $F$ から $A$ へのユニバーサル・アローとする．$i : Y' \longrightarrow Y$ が同型ならば，$\varepsilon \circ Fi : FY' \longrightarrow A$ も $F$ から $A$ へのユニバーサル・アローである．

逆に $\varepsilon' : FY' \longrightarrow A$ は $F$ から $A$ へのユニバーサル・アローであるとする．そのとき $Y'$ は $Y$ と同型である．

**証明** 任意の $f : FX \longrightarrow A$ について，$g : X \longrightarrow Y$ で $f = \varepsilon \circ Fg$ となるものが存在する．$f = \varepsilon \circ Fi \circ Fi^{-1} \circ Fg$ だから，$g' = i^{-1} \circ g$ とおくと，$f = \varepsilon \circ Fi \circ Fg'$ である．$f = \varepsilon \circ Fi \circ Fg''$ も成立するとすると，$i \circ g' = i \circ g''$ となる．$i^{-1}$ との合成をとると，$g' = g''$ である．

逆の仮定の下では $g : Y' \longrightarrow Y$ が存在して，$\varepsilon' = \varepsilon \circ Fg$ かつ $g' : Y \longrightarrow Y'$ が存在して，$\varepsilon = \varepsilon' \circ Fg'$ である．したがって，$\varepsilon = \varepsilon \circ F(g \circ g')$ だから，$g \circ g' = \mathrm{id}_Y$ である．同様にして，$g' \circ g = \mathrm{id}_{Y'}$ だから，$Y'$ と $Y$ は同型である． □

**定理 6.14** $\boldsymbol{C}, \boldsymbol{X}$ はカテゴリー，$F : \boldsymbol{X} \longrightarrow \boldsymbol{C}$ はファンクターとする．$\boldsymbol{C}$ のオブジェクト $A$ ごとに $\boldsymbol{X}$ のオブジェクト $G(A)$ と $\boldsymbol{C}$ のアロー $\varepsilon_A : FG(A) \longrightarrow A$ があり，$\varepsilon_A$ は $F$ から $A$ へのユニバーサル・アローであるとする．そのとき $G$ は一意的にファンクター $G : \boldsymbol{C} \longrightarrow \boldsymbol{X}$ に拡張され，ユニバーサル・アロー $\varepsilon_A$ は自然変換 $\varepsilon : FG \longrightarrow 1_{\boldsymbol{C}}$ の成分になる．

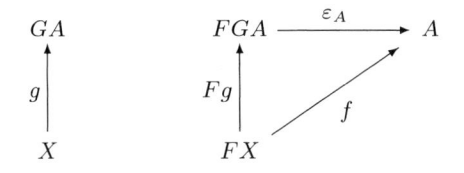

$$\begin{array}{ccc} GA & FGA \xrightarrow{\varepsilon_A} A \\ \uparrow g & \uparrow Fg \nearrow f \\ X & FX \end{array}$$

**証明** $f : A \longrightarrow A'$ に対し，図式

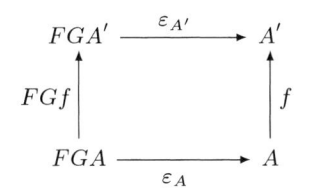

$$\begin{array}{ccc} FGA' & \xrightarrow{\varepsilon_{A'}} & A' \\ \uparrow FGf & & \uparrow f \\ FGA & \xrightarrow{\varepsilon_A} & A \end{array}$$

が可換になる必要がある．この図を

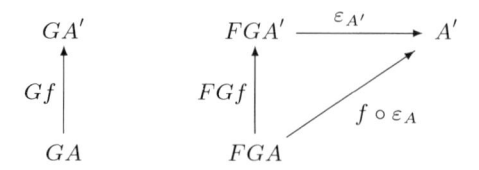

$$
\begin{array}{ccc}
GA' & \quad & FGA' \xrightarrow{\varepsilon_{A'}} A' \\
\uparrow{\scriptstyle Gf} & & \uparrow{\scriptstyle FGf} \nearrow{\scriptstyle f \circ \varepsilon_A} \\
GA & & FGA
\end{array}
$$

とかきなおすと，$Gf$ が一意的に定まることがわかる．$G$ がファンクターになることは容易に示せる． □

**問 6.1** $G$ がファンクターになることを示せ．

### 6.4.2 アジョイント・ファンクター

**定義 6.15** $\langle F, G, \eta, \varepsilon \rangle$ は，ファンクターの組 $\boldsymbol{X} \underset{G}{\overset{F}{\rightleftarrows}} \boldsymbol{C}$（あるいは，$F : \boldsymbol{X} \rightleftarrows \boldsymbol{C} : G$ と書く）と自然変換 $\eta : 1_{\boldsymbol{X}} \longrightarrow GF, \varepsilon : FG \longrightarrow 1_{\boldsymbol{C}}$ からなり triangular identities とよばれる

$$\varepsilon_{FX} \circ F\eta_X = 1_{FX}, \quad G\varepsilon_A \circ \eta_{GA} = 1_{GA}$$

をみたすものである．

$$
\begin{array}{ccc}
FGFX \xrightarrow{\varepsilon_{FX}} FX & \qquad & GA \xrightarrow{\eta_{GA}} GFGA \\
\uparrow{\scriptstyle F\eta_X} \nearrow{\scriptstyle 1_{FX}} & & \searrow{\scriptstyle 1_{GA}} \downarrow{\scriptstyle G\varepsilon_A} \\
FX & & GA
\end{array}
$$

このとき $F$ は $G$ の左アジョイント（・ファンクター），$G$ は $F$ の右アジョイントであるといい，$F \dashv G$ と記す．$\eta, \varepsilon$ をユニット，コユニットという．これらをアジョイントと総称することもある．

$B \underset{g}{\overset{f}{\rightleftarrows}} A$ が順序をたもつ写像の場合，$f \dashv g$ である条件は任意の $a \in A, b \in B$ について

$$b \leq gfb, \quad fga \leq a$$

か成立することである．triangular identity は自動的に成立することに注意．

6.4. アジョイント　97

ファンクターの組 $\boldsymbol{X} \xrightleftharpoons[G]{F} \boldsymbol{C}$ についてユニバーサル・アローの存在と $F \dashv G$ は同値であることを示そう．

まずすべての $\boldsymbol{C}$ のオブジェクト $A$ について $F$ から $A$ へのユニバーサル・アロー $\varepsilon_A : FGA \longrightarrow A$ の存在を仮定する．

**補題 6.16**　$\eta_X : X \longrightarrow GFX$ を第 1 の triangular identity が成立する，すなわち図式

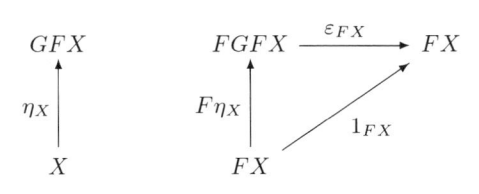

$$
\begin{array}{ccc}
GFX & FGFX \xrightarrow{\varepsilon_{FX}} FX \\
\eta_X \uparrow & F\eta_X \uparrow \nearrow 1_{FX} \\
X & FX
\end{array}
$$

が可換になる一意的なアローとする．そのとき $\eta_X$ は自然変換 $\eta : 1_{\boldsymbol{X}} \longrightarrow GF$ の成分である．

**証明**　$g : X \longrightarrow Y$ に対し $GFg \circ \eta_X = \eta_Y \circ g$

$$
\begin{array}{ccc}
X & \xrightarrow{\eta_X} & GFX \\
g \downarrow & & \downarrow GFg \\
Y & \xrightarrow{\eta_Y} & GFY
\end{array}
$$

を示すのに，両辺を $\varepsilon_{FY} \circ F(\_)$ に代入すると $Fg$ になることをいう．

$$\varepsilon_{FY} \circ F(GFg \circ \eta_X) = \varepsilon_{FY} \circ FGFg \circ F\eta_X$$
$$= Fg \circ \varepsilon_{FX} \circ F\eta_X$$
$$= Fg.$$

ここで図式

$$
\begin{array}{ccc}
FGFX & \xrightarrow{\varepsilon_{FX}} & FX \\
FGFg \downarrow & & \downarrow Fg \\
FGFY & \xrightarrow{\varepsilon_{FY}} & FY
\end{array}
$$

が可換なことと第 1 の triangular idntity を用いた. 再び第 1 の triangular identity を用いて

$$\varepsilon_{FY} \circ F(\eta_Y \circ g) = \varepsilon_{FY} \circ F\eta_Y \circ Fg$$
$$= Fg.$$

□

**補題 6.17** 第 2 の triangular identity

$$G\varepsilon_A \circ \eta_{GA} = 1_{GA}$$

が成立する.

**証明**

$$\varepsilon_A \circ F(G\varepsilon_A \circ \eta_{GA}) = \varepsilon_A \circ FG\varepsilon_A \circ F\eta_{GA}$$
$$= \varepsilon_A \circ \varepsilon_{FGA} \circ F\eta_{GA}$$
$$= \varepsilon_A.$$

ここで

$$\begin{array}{ccc} FGFGA & \xrightarrow{\varepsilon_{FGA}} & FGA \\ {\scriptstyle FG\varepsilon_A} \downarrow & & \downarrow {\scriptstyle \varepsilon_A} \\ FGA & \xrightarrow{\varepsilon_A} & A \end{array}$$

は可換であることと第 1 の triangular identity を用いた. □

この 2 つの補題より $F \dashv G$ が示された.

逆に $F \dashv G$ であることを仮定し $\eta, \varepsilon$ をそのユニット, コユニットであるとする.

**補題 6.18** $\mathbf{C}$ のオブジェクト $A$ について, $\varepsilon_A : FGA \longrightarrow A$ は $F$ から $A$ へのユニバーサル・アローである.

**証明** $f : FX \longrightarrow A$ が $g : X \longrightarrow GA$ で $f = \varepsilon_A \circ Fg$ とあらわされるとすると

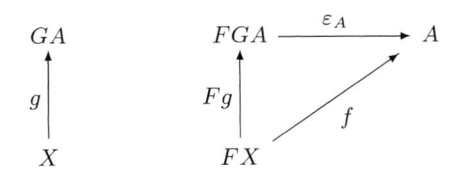

$$\begin{array}{ccc}
GA & FGA \xrightarrow{\varepsilon_A} A \\
\uparrow g & \uparrow Fg \nearrow f \\
X & FX
\end{array}$$

$$Gf \circ \eta_X = G\varepsilon_A \circ GFg \circ \eta_X = G\varepsilon_A \circ \eta_{GA} \circ g = g$$

ここで $\eta$ が自然変換であること (下図) と，第 2 の triangular identity を用いた．

$$\begin{array}{ccc}
X & \xrightarrow{\eta_X} & GFX \\
\downarrow g & & \downarrow GFg \\
GA & \xrightarrow{\eta_{GA}} & GFGA
\end{array}$$

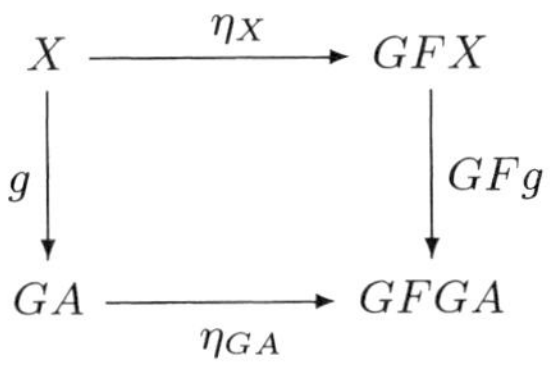

$g = Gf \circ \eta_X$ でなければならない．$g$ は存在すれば一意的である．

$g = Gf \circ \eta_X$ とおくと，

$$\varepsilon_A \circ Fg = \varepsilon_A \circ FGf \circ F\eta_X = f \circ \varepsilon_{FX} \circ F\eta_X = f.$$

ここで $\varepsilon$ が自然変換であること (下図) と，第 1 の triangular identity を用いた．

$$\begin{array}{ccc}
FGFX & \xrightarrow{\varepsilon_{FX}} & FX \\
\downarrow FGf & & \downarrow f \\
FGA & \xrightarrow{\varepsilon_A} & A
\end{array}$$

□

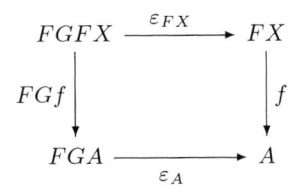

$f = \varepsilon_A \circ Fg$ となる $g$ が一意に存在するだけではなく，$g = Gf \circ \eta_X$ と表されている．

アジョイントは対称的な概念であり，それに対して $F$ から $A$ へのユニバーサル・アロー は対称的でない．その双対は次のようになる．もちろんアジョイントの概念と同値である．

$G: \boldsymbol{C} \longrightarrow \boldsymbol{X}$ はファンクター，$X$ は $\boldsymbol{X}$ のオブジェクトとする．$X$ から $G$ へのユニバーサル・アロー は $\boldsymbol{C}$ のオブジェクト $B$ と $X$ のアロー $\eta_X : X \longrightarrow GB$ の組ですべての $A$ と $g : X \longrightarrow GA$ に対し図式

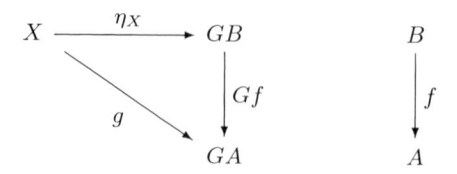

$$\begin{array}{ccc} X & \xrightarrow{\eta_X} & GB \\ & \searrow{g} & \downarrow{Gf} \\ & & GA \end{array} \qquad \begin{array}{c} B \\ \downarrow{f} \\ A \end{array}$$

を可換にする一意的な $f : B \longrightarrow A$ が存在するものをいう．

更に $\boldsymbol{X}$ のオブジェクト $X$ について $\boldsymbol{C}$ のオブジェクト $F(C)$ がさだまり，$\eta_X : X \longrightarrow GF(X)$ が $X$ から $G$ へのユニバーサル・アローとなるとき，$F$ はファンクターに一意的に拡張され，$F \dashv G$ であり，$\eta$ はそのアジョイントのユニットである．

次の補題は，アジョイントは自然同型を除いて一意的に定まることを示している．

**補題 6.19** $F : \boldsymbol{X} \longrightarrow \boldsymbol{C}$, $G, G' : \boldsymbol{C} \longrightarrow \boldsymbol{X}$ はファンクターとし，$F \dashv G$，$F \dashv G'$ ならば自然同型 $i : G' \longrightarrow G$ が存在する．

**証明** 補題 6.13 より同型 $i_A : G'A \longrightarrow GA$ で $\varepsilon'_A = \varepsilon_A \circ F i_A : FG'A \longrightarrow A$ となるものが定まる．

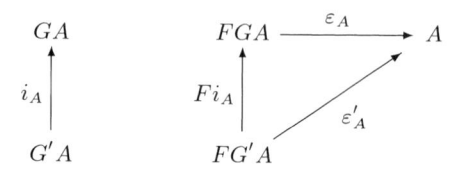

$$\begin{array}{ccc} GA & & FGA \xrightarrow{\varepsilon_A} A \\ \uparrow{i_A} & & \uparrow{Fi_A} \nearrow{\varepsilon'_A} \\ G'A & & FG'A \end{array}$$

これらが自然変換の成分になること，すなわち $h : A \longrightarrow B$ なら $Gh \circ i_A = i_B \circ G'h$ となることを示せばよい．両辺を $\varepsilon_B \circ F(\_)$ に代入するとどちらも $h \circ \varepsilon'_A$ となる． □

**例 6.20** フレームは分配束とみなすことにより，ファンクター $G : \mathbf{Frames} \longrightarrow \mathbf{DLat}$ を得る．このようなファンクターを総称して忘却ファンクターという．$B$ が分配束のとき $\eta_B : B \longrightarrow \mathrm{Idl}(B)$ を $\eta_B(b) = {\downarrow}(b)$ で定義する．命題 5.37 は，

$\eta_B$ が $B$ から忘却ファンクター $G$ へのユニバーサル・アローであることを示している.

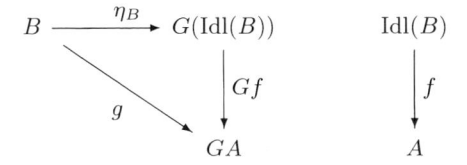

$$B \xrightarrow{\eta_B} G(\mathrm{Idl}(B)) \qquad \mathrm{Idl}(B)$$
$$g \searrow \quad \downarrow Gf \qquad\qquad \downarrow f$$
$$GA \qquad\qquad A$$

したがって, $\mathrm{Idl} \dashv G$ で $\eta$ はユニットである.

## 6.5 双対性

### 6.5.1 ブール代数の双対性

ファンクターの対 $\mathrm{spec} : \mathbf{Boole} \longrightarrow \mathbf{Stone}$, $\mathrm{clop} : \mathbf{Stone} \longrightarrow \mathbf{Boole}$ を考える. これらは, 具体的には反変ファンクターとして定義したものを一般論との整合性のためファンクターとして定義しなおしたものである.

$B$ はブール代数とする. $\mathrm{spec}(B)$ は束準同型 $x : B \longrightarrow 2$ の全体に $\varphi(b) = \{x : B \longrightarrow 2 \mid x(b) = 1\}$ を開集合の基とする位相を入れた空間で $\varphi : B \longrightarrow \mathrm{clop}(\mathrm{spec}(B))$ はブール準同型であった.

$$\varepsilon_B = \varphi^{\mathrm{op}} : \mathrm{clop}(\mathrm{spec}(B)) \longrightarrow B$$

とおく.

**定理 6.21** $\mathrm{clop} \dashv \mathrm{spec}$ であり, $\varepsilon$ はコユニットである.

**証明**

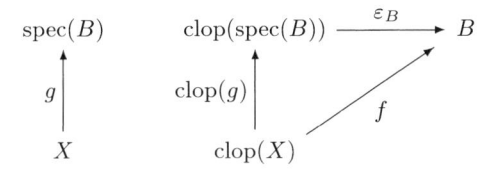

$$\mathrm{spec}(B) \qquad \mathrm{clop}(\mathrm{spec}(B)) \xrightarrow{\varepsilon_B} B$$
$$g \uparrow \qquad\qquad \mathrm{clop}(g) \downarrow \quad \nearrow f$$
$$X \qquad\qquad \mathrm{clop}(X)$$

$f : \mathrm{clop}(X) \longrightarrow B$ in $\mathbf{Boole}^{\mathrm{op}}$, $g : X \longrightarrow \mathrm{spec}(B)$ in $\mathbf{Stone}$ で $f = \varepsilon_B \circ \mathrm{clop}(g)$ が成立することは $f^{\mathrm{op}} = (\mathrm{clop}(g))^{\mathrm{op}} \circ \varphi$, すなわち $b \in B$ について

$$f^{\mathrm{op}}(b) = g^{-1}(\varphi(b))$$

と同値である．これは $x \in X$ について

$$x \in f^{\mathrm{op}}(b) \iff g(x)(b) = 1$$

と同値である．$x : 1 \longrightarrow X$ とみなすと

$$x^{-1}(f^{\mathrm{op}}(b)) = 1 \iff g(x)(b) = 1.$$

すなわち

$$\mathrm{clop}(x)^{\mathrm{op}}(f^{\mathrm{op}}(b)) = g(x)(b)$$

である．

$$g(x) = \mathrm{clop}(x)^{\mathrm{op}} \circ f^{\mathrm{op}}$$

でなければならない．したがって $g$ が一意的に定まる．

逆にこの式で $g : X \longrightarrow \mathrm{spec}(B)$ を定義すると，上の議論は逆にたどれるので $g$ が連続であることをいえばよいが，

$$g(x) \in \varphi(b) \iff x \in f^{\mathrm{op}}(b)$$

だから，$g$ は連続である．

$f = \varepsilon_B \circ \mathrm{clop}(g)$ となる $g : X \longrightarrow \mathrm{spec}(B)$ がただ 1 つ存在するので，$\varepsilon_B$ はファンクター clop からオブジェクト $B$ へのユニバーサル・アローである． $\square$

**注意** 証明中

$$f = \varepsilon_B \circ \mathrm{clop}(g) \iff g(x) = \mathrm{clop}(x)^{\mathrm{op}} \circ f^{\mathrm{op}}$$

が得られている．$\eta_X = \mathrm{clop}(x)^{\mathrm{op}} : X \longrightarrow \mathrm{spec}(\mathrm{clop}(X))$ とおくと，

$$f = \varepsilon_B \circ \mathrm{clop}(g) \iff g = \mathrm{spec}(f) \circ \eta_X$$

となる．したがって $\eta_X$ は自然変換 $\eta$ の成分であり，$\eta$ がユニットである．

**定義 6.22** $F : \boldsymbol{X} \rightleftarrows \boldsymbol{A} : G$ はアジョイントで $\eta$ はユニット，$\varepsilon$ はコユニットとする．すべての $A \in \boldsymbol{A}, X \in \boldsymbol{X}$ について $\varepsilon_A : FGA \longrightarrow A, \eta_X : X \longrightarrow GFX$ が同型であるとき，$\boldsymbol{A}$ と $\boldsymbol{X}$ は equivalent であるといい，$\boldsymbol{A} \cong \boldsymbol{X}$ と表す．

**定理 6.23** $\mathbf{Boole}^{\mathrm{op}} \cong \mathbf{Stone}$ である．

**証明** 前定理と定理 4.13, 定理 4.14 により得られる.  □

$A^{\mathrm{op}}$ と $X$ が equivalent のとき, $A$ と $X$ は dual equivalent であるという. **Boole** と **Stone** は dual equivalent である.

定理 6.21 において $X = \mathrm{spec}(A), f : A \longrightarrow B$ はブール準同型としてみる.

$$
\begin{array}{ccc}
\mathrm{spec}(B) & \mathrm{clop}(\mathrm{spec}(B)) \xrightarrow{\varepsilon_B} & B \\
\uparrow g & \uparrow \mathrm{clop}(g) & \uparrow f \\
\mathrm{spec}(A) & \mathrm{clop}(\mathrm{spec}(A)) \xrightarrow{\varepsilon_A} & A
\end{array}
$$

条件
$$ f = \varepsilon_B \circ \mathrm{clop}(g) \iff g = \mathrm{spec}(f) \circ \eta_X $$
はこの場合 $f$ を $f \circ \varepsilon_A$ でおきかえた
$$ f \circ \varepsilon_A = \varepsilon_B \circ \mathrm{clop}(g) \iff g = \mathrm{spec}(f \circ \varepsilon_A) \circ \eta_X = \mathrm{spec}(f) $$
となる. したがって $g = \mathrm{spec}(f)$ が上図が可換になる条件である. これはカテゴリーの立場からの命題 4.18 の説明である.

### 6.5.2 フレームの双対性

$O : \mathbf{Spaces} \longrightarrow \mathbf{Frames}^{\mathrm{op}}$, $\mathrm{pt} : \mathbf{Frames}^{\mathrm{op}} \longrightarrow \mathbf{Spaces}$ であった. $A$ がフレームのとき, $\phi(a) = \{p : A \longrightarrow 2 \,|\, p(a) = 1\}$ で $\phi : A \longrightarrow O(\mathrm{pt}(A))$ はフレーム準同型であった. $\varepsilon_A = \phi^{\mathrm{op}} : O(\mathrm{pt}(A)) \longrightarrow A$ とおく.

**定理 6.24** $O \dashv \mathrm{pt}$ であり, $\varepsilon$ はコユニットである.

**証明**

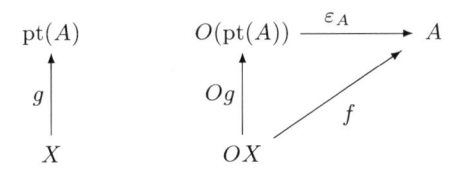

$$
\begin{array}{ccc}
\mathrm{pt}(A) & O(\mathrm{pt}(A)) \xrightarrow{\varepsilon_A} & A \\
\uparrow g & \uparrow Og & \nearrow f \\
X & OX &
\end{array}
$$

$f : OX \longrightarrow A$ in $\mathbf{Frames}^{\mathrm{op}}$, $g : X \longrightarrow \mathrm{pt}(A)$ in $\mathbf{Spaces}$ で $f = \varepsilon_A \circ Og$ が成立することは $f^{\mathrm{op}} = (Og)^{\mathrm{op}} \circ \phi$, すなわち $a \in A$ について

$$f^{\mathrm{op}}(a) = g^{-1}(\phi(a))$$

と同値である．これは $x \in X$ について

$$x \in f^{\mathrm{op}}(a) \iff g(x)(a) = 1$$

$x : 1 \longrightarrow X$ とみなすと

$$x^{-1}(f^{\mathrm{op}}(a)) = 1 \iff g(x)(a) = 1,$$
$$O(x)^{\mathrm{op}}(f^{\mathrm{op}}(a)) = g(x)(a).$$

したがって

$$g(x) = O(x)^{\mathrm{op}} \circ f^{\mathrm{op}}$$

と $g$ が一意的に定まる．

逆にこの式で $g : X \longrightarrow \mathrm{pt}(A)$ を定義すると上の議論は逆にたどれるから $g$ が連続であることをいえばよいが，それは

$$g(x) \in \phi(a) \iff x \in f^{\mathrm{op}}(a)$$

からあきらかである．

$f = \varepsilon_A \circ Og$ となる $g : X \longrightarrow \mathrm{pt}(A)$ がただ 1 つ存在するので，$\varepsilon_A$ はファンクター $O$ からオブジェクト $A$ へのユニバーサル・アローである． □

**注意** 証明中

$$f = \varepsilon_A \circ Og \iff g(x) = O(x)^{\mathrm{op}} \circ f^{\mathrm{op}}$$

が得られている．$\eta_X = O(x)^{\mathrm{op}} : X \longrightarrow \mathrm{pt}(OX)$ とおくと，

$$f = \varepsilon_A \circ Og \iff g = \mathrm{pt}(f) \circ \eta_X$$

となる．したがって $\eta_X$ は自然変換 $\eta$ の成分であり，$\eta$ がユニットである．

これらの空間と束のアジョイントを表示すれば次のようになる：

| 空間 | Stone 空間 | 位相空間 |
|---|---|---|
| 束 | ブール代数 | フレーム |
| 左アジョイント | clop | $O$ |
| 右アジョイント | spec | pt |
| コユニット | $\varphi$ | $\phi$ |

アジョイント $O \dashv \mathrm{pt}$ はカテゴリーを縮小することにより，equivalence にすることができる．

**補題 6.25** $F: \boldsymbol{X} \rightleftarrows \boldsymbol{A}: G$ はアジョイントで $\eta$ はユニット，$\varepsilon$ はコユニットとする．すべての $A \in \boldsymbol{A}, X \in \boldsymbol{X}$ について $\varepsilon_{FX}: FGFX \longrightarrow FX$, $\eta_{GA}: GA \longrightarrow GFGA$ が同型であるとする．カテゴリー $\boldsymbol{A}_0$ を，オブジェクトは $FX$ と同型なオブジェクトからなる $\boldsymbol{A}$ の full 部分カテゴリー，$\boldsymbol{X}_0$ を，オブジェクトは $GA$ と同型なオブジェクトからなる $\boldsymbol{X}$ の full 部分カテゴリーとする．そのとき $\boldsymbol{A}_0 \cong \boldsymbol{X}_0$ である．

**証明** $A \in \boldsymbol{A}_0$ のとき，$\varepsilon_A: FGA \longrightarrow A$ が同型であることを示せばよい．ある $Y \in \boldsymbol{X}$ と同型 $h: FY \longrightarrow A$ が存在する．$\varepsilon$ は自然変換だから

$$\varepsilon_A \circ FGh = h \circ \varepsilon_{FY}$$

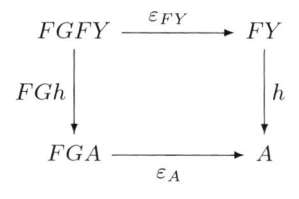

$$\begin{array}{ccc} FGFY & \xrightarrow{\varepsilon_{FY}} & FY \\ {\scriptstyle FGh} \downarrow & & \downarrow {\scriptstyle h} \\ FGA & \xrightarrow[\varepsilon_A]{} & A \end{array}$$

$\varepsilon_{FY}, h, FGh$ は同型であるから，$\varepsilon_A$ も同型である． □

$O: \mathbf{Spaces} \rightleftarrows \mathbf{Frames}^{\mathrm{op}}: \mathrm{pt}$ において，$O \dashv \mathrm{pt}$ かつこの補題の条件をみたしていた．この場合 $\boldsymbol{A}_0$ は sober 空間のなす $\mathbf{Spaces}$ の full 部分カテゴリー $\mathbf{Sob}$，$\boldsymbol{X}_0$ は spatial フレームのなす $\mathbf{Frames}$ の full 部分カテゴリー $\mathbf{SpFra}$ の dual であるので，$\mathbf{SpFra}^{\mathrm{op}} \cong \mathbf{Sob}$ である．$\mathbf{SpFra}$ と $\mathbf{Sob}$ は dual equivalent である．

## 6.6 文献ノート

さらにカテゴリーを学ぶ場合は

- S.MacLane, *Categories for the Working Mathematician*, Springer Verlag, 1971

が代表的なテキストである．評価の高い本であるがこの本だけでカテゴリーがなぜ重要であるか解することは困難であろう．カテゴリーに続く重要な方向にトポスがある．おなじ著者による

- S.MacLane and I.Moerdijk, *Sheaves in Geometry and Logic : A First Introduction to Topos Theory*, Springer Verlag, 1992

がある．なおこの書物とそれ以前のトポスの書物の大きな違いの1つはフレーム，ロカールの考えが取り入れられていることである．

より入門的なテキストとして

- C.McLarty, *Elementary Categories, Elementary Topos*, Oxford University Press, 1995

がある．

# 索引

## ●数字・記号

| | |
|---|---|
| 0 | 4 |
| 1 | 5 |
| $a \vee b$ | 4 |
| **Boole** | 88 |
| $\text{clop}(X)$ | 8, 57 |
| **DLat** | 88 |
| **Frames** | 88 |
| $\text{Hom}(A,B)$ | 88 |
| $\text{Idl}(P)$ | 76 |
| $K(A)$ | 81 |
| $OX$ | 55 |
| $P^{\text{op}}$ | 5 |
| $\text{pt}(A)$ | 68 |
| $PX$ | 1 |
| **Sets** | 88 |
| **Sob** | 88 |
| **Spaces** | 88 |
| $\text{spec}(B)$ | 62, 83 |
| **Stone** | 88 |
| $T_0$ | 56 |
| $T_1$ | 56 |
| $T_2$ | 56 |
| $\sqcup S$ | 73 |
| $\vee S$ | 4 |
| $\wedge S$ | 5 |

## ●アルファベット

| | |
|---|---|
| atomic | 10 |
| axiom | 29 |
| completely prime | 69 |
| De Morgan の法則 | 8 |
| deduction | 31 |
| dual equivalent | 103 |
| equivalent | 102 |
| faithful | 91 |
| full | 91 |
| Heyting 代数 | 21 |
| HS | 32 |
| hypothetical syllogism | 32 |
| join | 4 |
| Lindenbaum 代数 | 40 |
| Łoś | 48 |
| lower set | 3 |
| Łukasiewicz の公理系 | 29 |
| meet | 5 |
| MP | 29 |
| opposite | 5, 92 |
| prime element | 16 |
| proof | 29 |
| proper | 14 |
| Scott 位相 | 74 |
| sober | 71 |
| spatial | 71 |
| specialization ordering | 73 |
| Stone 空間 | 59 |
| Stone の双対定理 | 63 |
| Stone の表現定理 | 63 |
| theorem | 29 |
| triangular identities | 96 |
| upper set | 3 |
| Zorn の補題 | 17 |

## ●ア行

## 索引

| | |
|---|---|
| アジョイント | 20, 96 |
| アトム | 9 |
| アロー | 87 |
| 位相 | 55 |
| 位相空間 | 55 |
| イデアル | 14 |
| 埋め込み | 57 |
| 演繹定理 | 31 |
| オブジェクト | 87 |

●カ行

| | |
|---|---|
| 開核 | 55 |
| 解釈 | 45 |
| 開集合 | 55 |
| 可換 | 90 |
| 核 | 5 |
| 拡張 | 77 |
| カテゴリー | 87 |
| 関係 | 2 |
| 関数記号 | 44 |
| 完全性定理 | 40 |
| 完全不連結 | 60 |
| カントル空間 | 61 |
| カントル集合 | 61 |
| 完備 | 5, 58 |
| 基本拡大 | 52 |
| 基本写像 | 51 |
| 基本的に同値 | 51 |
| 基本部分構造 | 52 |
| 吸収律 | 6 |
| 極大イデアル | 14 |
| 距離 | 58 |
| 距離空間 | 58 |
| 近傍 | 55 |
| グラフ | 87 |

| | |
|---|---|
| 言語 | 44 |
| 原子論理式 | 45 |
| 健全性定理 | 29 |
| 項 | 44 |
| 合成 | 87 |
| 構造 | 45 |
| コヒーレント | 81 |
| コヒーレント空間 | 81 |
| コユニット | 96 |
| 孤立点 | 57 |
| コンパクト | 57 |
| コンパクト元 | 79 |
| コンパクト性定理 | 42, 50 |

●サ行

| | |
|---|---|
| 最小上界 | 4 |
| 自然同型 | 94 |
| 自然変換 | 93 |
| 主イデアル | 14 |
| 充足可能 | 41 |
| 述語記号 | 44 |
| 順序 | 2 |
| 順序集合 | 2 |
| 上界 | 4 |
| シンタクス | 27 |
| 推移律 | 2 |
| 図式 | 90 |
| スペクトル | 62, 84 |
| 正則開集合 | 25 |
| 正則元 | 24 |
| セマンティクス | 27 |
| ゼロ次元 | 59 |
| 前順序 | 3 |
| 全順序 | 3 |
| 全有界 | 58 |

| 素イデアル | 15 |
| --- | --- |
| 相対位相 | 57 |
| 双対核 | 5 |
| 双対性 | 63 |
| 双対分配律 | 7 |
| 束 | 6 |
| 束準同型 | 6 |

●タ行

| 第2可算公理 | 56 |
| --- | --- |
| 対称律 | 2 |
| チコノフの定理 | 57 |
| 超距離 | 61 |
| 超距離空間 | 61 |
| 超積 | 48 |
| 超フィルター | 47 |
| 直積空間 | 57 |
| 定数記号 | 44 |
| 同型 | 50 |
| 同相 | 56 |
| 同相写像 | 56 |
| 同値関係 | 2 |
| トートロジー | 28 |
| ドメイン | 45 |

●ナ行

| 内点 | 55 |
| --- | --- |

●ハ行

| ハウスドルフ空間 | 56 |
| --- | --- |
| 反射律 | 2 |
| 半束 | 4 |
| 反対称律 | 2 |
| 反変ファンクター | 91 |
| 左アジョイント | 96 |
| 被覆 | 57 |

| ファンクター | 90 |
| --- | --- |
| フィルター | 14 |
| ブール環 | 12 |
| ブール準同型 | 9 |
| ブール代数 | 8 |
| 付値 | 28 |
| 部分構造 | 51 |
| フレーム | 66 |
| プレフィクス | 75 |
| 文 | 45 |
| 分配束 | 7 |
| 分配律 | 7 |
| 分離公理 | 56 |
| 閉集合 | 55 |
| 閉包 | 56 |
| 閉論理式 | 45 |
| 変数記号 | 44 |
| ポイント | 68 |
| 補元 | 8 |

●マ行

| 右アジョイント | 96 |
| --- | --- |
| 無限分配律 | 66 |
| 無矛盾 | 40 |
| 命題変数 | 27 |
| モーダス・ポネンス | 29 |
| モデル | 47 |

●ヤ行

| 有限交叉性 | 18, 57 |
| --- | --- |
| 有向 | 14 |
| 有向完備 | 73 |
| 有向分配律 | 78 |
| ユニット | 96 |
| ユニバーサル・アロー | 94 |

●ラ行

| | |
|---|---|
| 離散位相 | 55 |
| 連結 | 58 |
| 連続写像 | 56 |
| 論理記号 | 44 |
| 論理式 | 27, 45 |

田中 俊一（たなか・しゅんいち）

略歴
　1938 年　徳島県に生まれる．
　1961 年　京都大学を卒業．
　1964 年　京都大学大学院博士課程中退．理学博士．
　現　在　九州大学大学院数理学研究科教授．

専門は応用数学．

主な著書に
　『KdV 方程式』（紀伊國屋書店，共著）


位相と論理（いそう　ろんり）

2000 年 7 月 10 日　第 1 版第 1 刷発行
2018 年 4 月 20 日　第 1 版第 2 刷発行

著　者　　田　中　俊　一
発行者　　串　崎　　　浩
発行所　　株式会社 日 本 評 論 社
　　　　〒170-8474 東京都豊島区南大塚 3-12-4
　　　　　　電話　(03) 3987-8621 ［販売］
　　　　　　　　　(03) 3987-8599 ［編集］
印　刷　　藤原印刷株式会社
製　本　　松岳社
装　釘　　海保　透

JCOPY 〈(社)出版者著作権管理機構 委託出版物〉
本書の無断複写は著作権法上での例外を除き禁じられています．複写される場合は，そのつど事前に，(社)出版者著作権管理機構（電話 03-3513-6969, FAX 03-3513-6979, e-mail: info@jcopy.or.jp）の許諾を得てください．また，本書を代行業者等の第三者に依頼してスキャニング等の行為によりデジタル化することは，個人の家庭内の利用であっても，一切認められておりません．

Ⓒ Shunichi Tanaka 2000　　　　　　Printed in Japan
　　　　　　　　　　　　　　　ISBN4-535-60127-5